U0904094

前卫木屋

（西）卡雷斯 · 布洛特 编著
刘晨熙 编译

广西师范大学出版社
· 桂林 ·

著作权合同登记号桂图登字：20－2012－103 号

图书在版编目(CIP)数据

前卫木屋／(西)卡雷斯・布洛特 编著；刘晨熙 编译．
—桂林：广西师范大学出版社，2012．7
ISBN 978－7－5495－1570－7

Ⅰ．①前… Ⅱ．①卡… ②刘… Ⅲ．①木结构－建筑设计 Ⅳ．①TU206

中国版本图书馆 CIP 数据核字(2012)第 072047 号

出 品 人：刘广汉
责任编辑：刘　丹
美术编辑：王　娇
广西师范大学出版社出版发行
(广西桂林市中华路 22 号　　邮政编码：541001
网址：http://www.bbtpress.com)
出版人：何林夏
全国新华书店经销
销售热线：021－31260822－126/127
上海锦良印刷厂印刷
(上海市松江区伴亭东路 218 号　邮政编码：201615)
开本：240mm×260mm　　16 开
印张：15　　字数：25 千字
2012 年 7 月第 1 版　　2012 年 7 月第 1 次印刷
定价：240.00 元

前卫木屋

索 引

007 简介

008 Studio Kragelj arhitekti
迷你住宅

018 CCS Architecture
Aptos Retreat

028 Okuno Architectural Planning
Wakakusa住宅

038 Barre Lambot Architects
F别墅

048 Joeb Moore + Partners Architects
螺旋住宅

060 Widjedal Racki Bergerhoff
岛屋

070 Ding + Ulloa Davet
Metamorfosis

078 Prodesi – Pavel Horák
Stribrna Skalice周末度假小屋

086 acaa / Kazuhiko Kishimoto
M住宅

096 Tank Architectes
气流住宅

104 k_m architektur
瓦伦湖上的房子

116 k_m architektur
卢斯特瑙之屋

126 **Tamarkin Co.**
Shelter Island

136 **Atelier Viglino**
Verdon-sur-Mer的假日之家

142 **Milligram Studio**
依偎谜盒

152 **Fantastic Norway AS**
Vardehaugen边的中庭小木屋

164 **Diane Heirend & Philippe Schmit architects**
E之屋

174 **Mario Carreño Zunino, Piera Sartori del Campo**
Cerro Pochoco之屋

184 **Olgga Architectes**
House in Normandy

194 **a.un Architects**
宕山的屋

202 **Schuberth und Schuberth**
高跷楼

214 **Kamil Mrva Architects**
Dolní Becva 小屋

222 **Arvesund**
Slåtteråsen

232 **UID architects**
乡间小楼

简 介

木材是最古老的建筑材料之一，如果使用得当就不会出现短缺的状况，因为每分每秒都有新木材长成，填补需求空缺。木材是有生命的物体，木质房屋最终会成为建筑和生活的联系纽带。这本书中所列出的建筑师都有一个共同点，就是非常喜爱木材的丰富性、质朴的纹理及质地。木材的使用也更能突显他们的设计意图。

虽然空间不大，但设计师会最大程度地突出宽敞明亮感，尽量不用其他多余的元素，所以木头原有的温暖和精致的感觉就会显现出来。此外，木质结构的建筑中每样物件都是绿色环保的，这使得许多木质房屋都十分具有创意，非常新颖奇特。

在这本书中的房屋都是全世界范围内选出的优秀范例，同时配有设计师的详细解说，以及建筑师公开投标建造的环保且具可持续性的房屋。由于在建造过程中创新地使用木材，所以这些房屋非常牢固，质量上乘。此书中列举了许多舒适精致的住宅、当代房屋以及公寓，并辅以精美图片加上工作规划和说明，以更好地展现房屋的主要特色、使用的材料和独特的风格。

Studio Kragelj arhitekti

迷你住宅

斯洛文尼亚，卢布尔雅娜

摄影：Miran Kambic

房屋是为一对夫妇设计的，和他们生活在一起的还有两个已经成年的孩子以及一群孙儿，之前他们都一起住在城市里一个小型带露台的房子中。时间一长，他们都意识到原有的房子已不适合他们继续居住了，但如果要装修的话可能是全面性的改造，因此全家都一致认为要重新建造一栋房屋。

新房子选建在斯洛文尼亚首都卢布尔雅娜附近的一个场地上，周围的风景及山景都很优美。场地面积很大，足够建造两栋楼房：其中一栋较大的楼房设计为日常生活之用，而另外较小的一栋则作为娱乐之用。

中央部分由两个居住空间组成，通过玻璃走道相连。卧室在房屋的背面，起居室和充满阳光的走廊则在南面。屋主在车库放置了收集的几辆古董车，这个空间几乎隐藏在地下。为减少热量损耗和收集太阳能，房屋是坐北朝南的，并且装有大型玻璃门窗。起居室较靠近户外，与周围的自然环境更加亲近。房间装的是木框的闭合门窗，即使在体感阴凉的情况下，这里还是一天到晚都充满了阳光。

所有的空间都有一个共同的特点：你无论身处哪个房间，都能直接到达户外绕房屋而建的草坪和木质露台。当人们在绕房屋散步时，就像在屋内的庭院散步一样。

在离房屋不远的一个小斜坡上，建筑师还特别设计了一个“自由小屋”，这与主屋的设计是一样的。这个小屋是为了主人和朋友休闲之用，配有一个开放式的小厨房、一个桑拿浴室和小型游泳池。

建筑：
Alenka Kragelj Erzen
承包商：
Riko Hise D.o.o.
建筑用地面积：
主屋：
180平方米 (1940平方英尺)
车库：
135平方米 (1455平方英尺)
自由小屋：
60平方米 (645平方英尺)
场地面积：
3500平方米 (37675平方英尺)

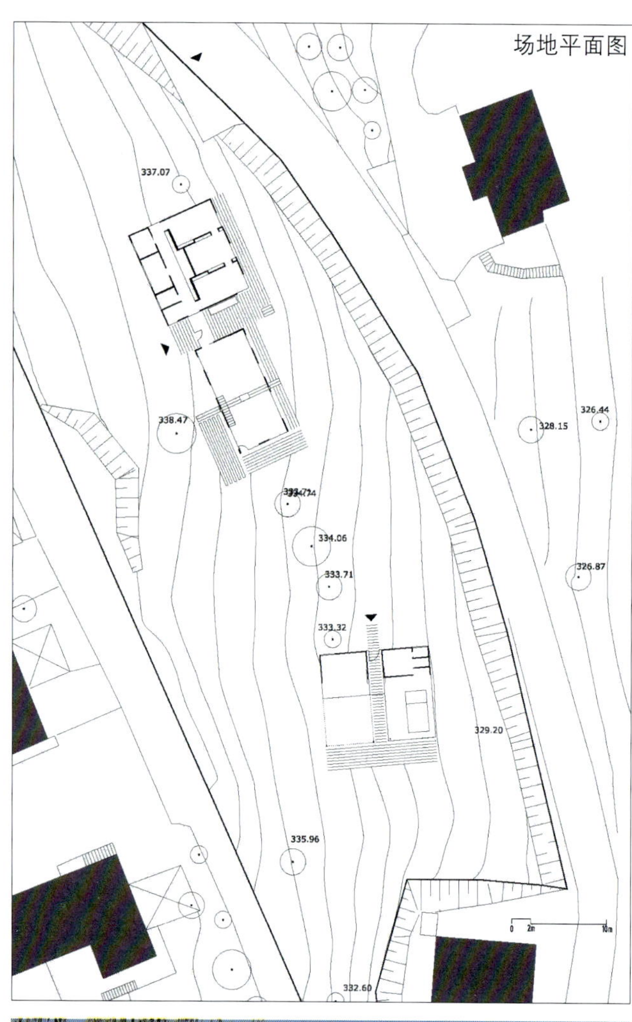

新房子选建在斯洛文尼亚首都卢布尔雅娜附近的一个场地上，周围的风景及山景都很优美。

场地面积很大，足够建造两栋楼房：其中一栋较大的楼房设计为日常生活之用，而另外较小的一栋则作为娱乐之用。

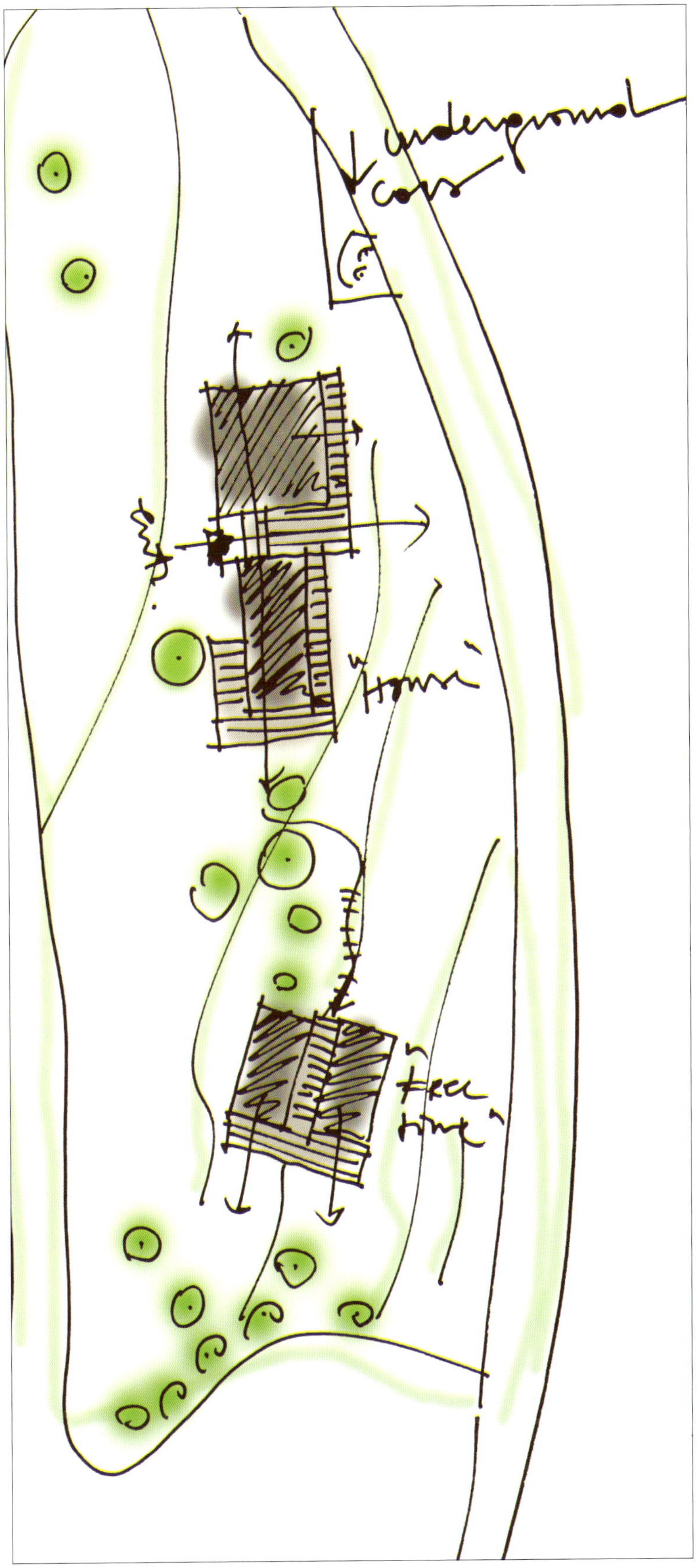

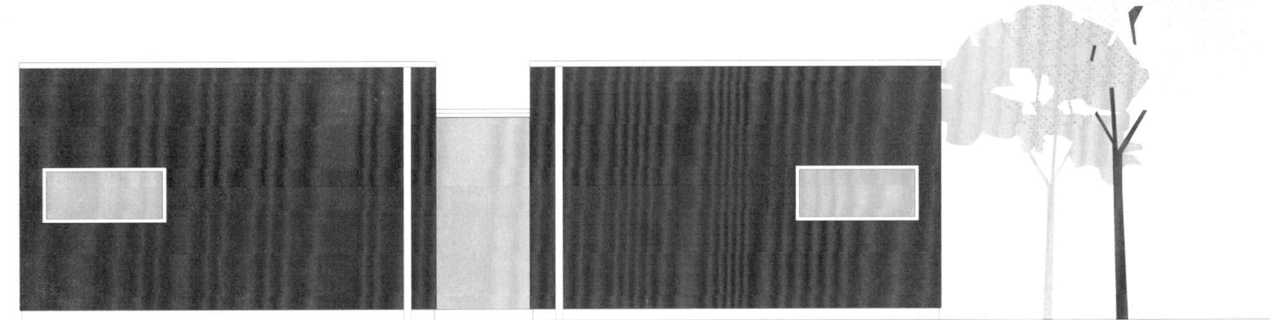
西北立面图

东北立面图

西南立面图

东南立面图

一区底层平面图

1. 聚会厅
2. 露台
3. 入口
4. 机房
5. 厕所
6. 淋浴室
7. 游泳池
8. 露台

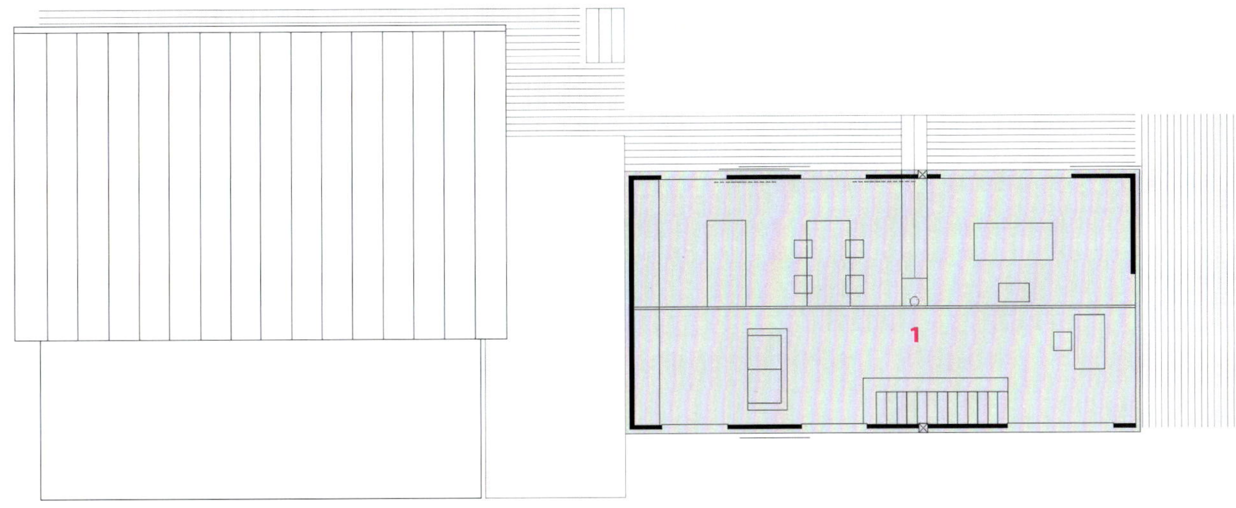

二区地上一层平面图

1. 走廊

二区底层平面图

1. 起居室
2. 厨房和餐厅
3. 入口
4. 更衣室
5. 浴室
6. 客房
7. 杂物间
8. 过道
9. 卧室
10. 浴室
11. 卧室
12. 露台
13. 露台

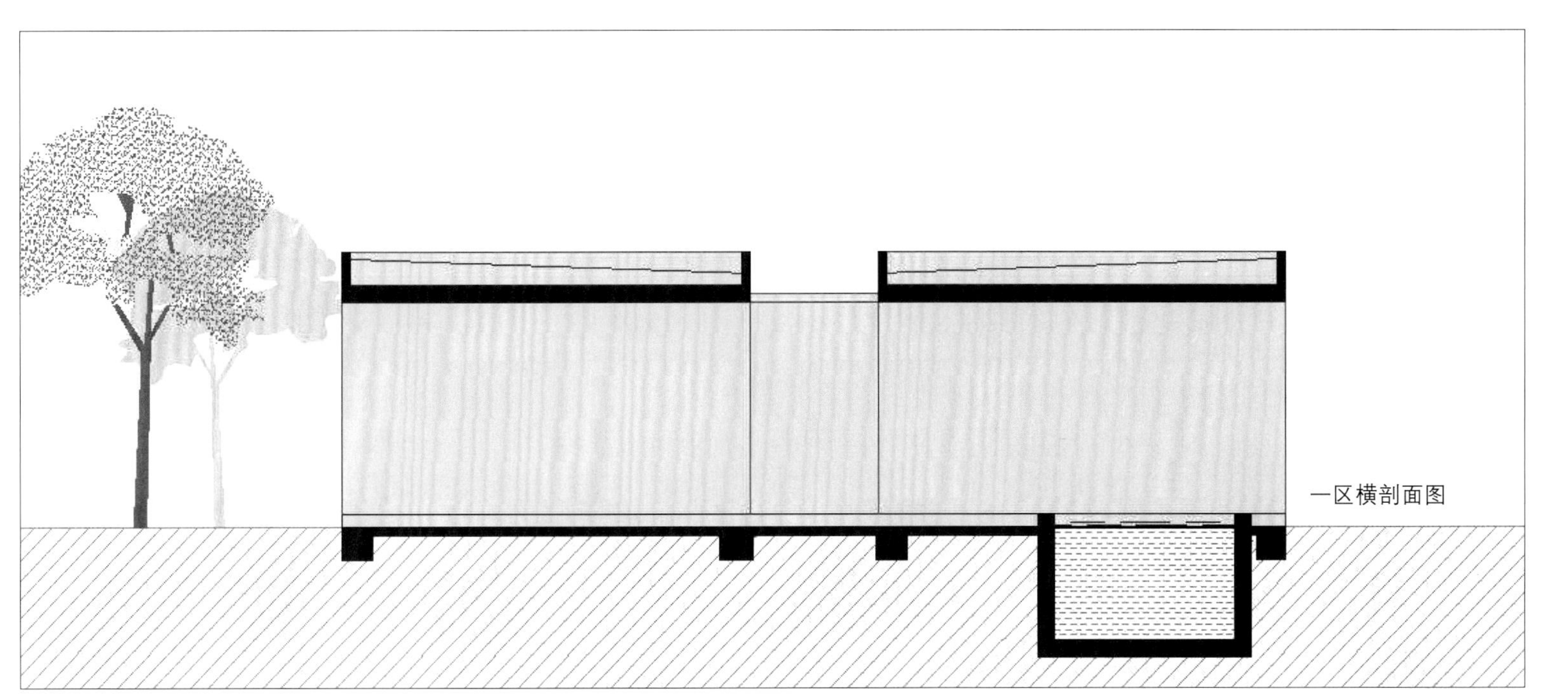

一区横剖面图

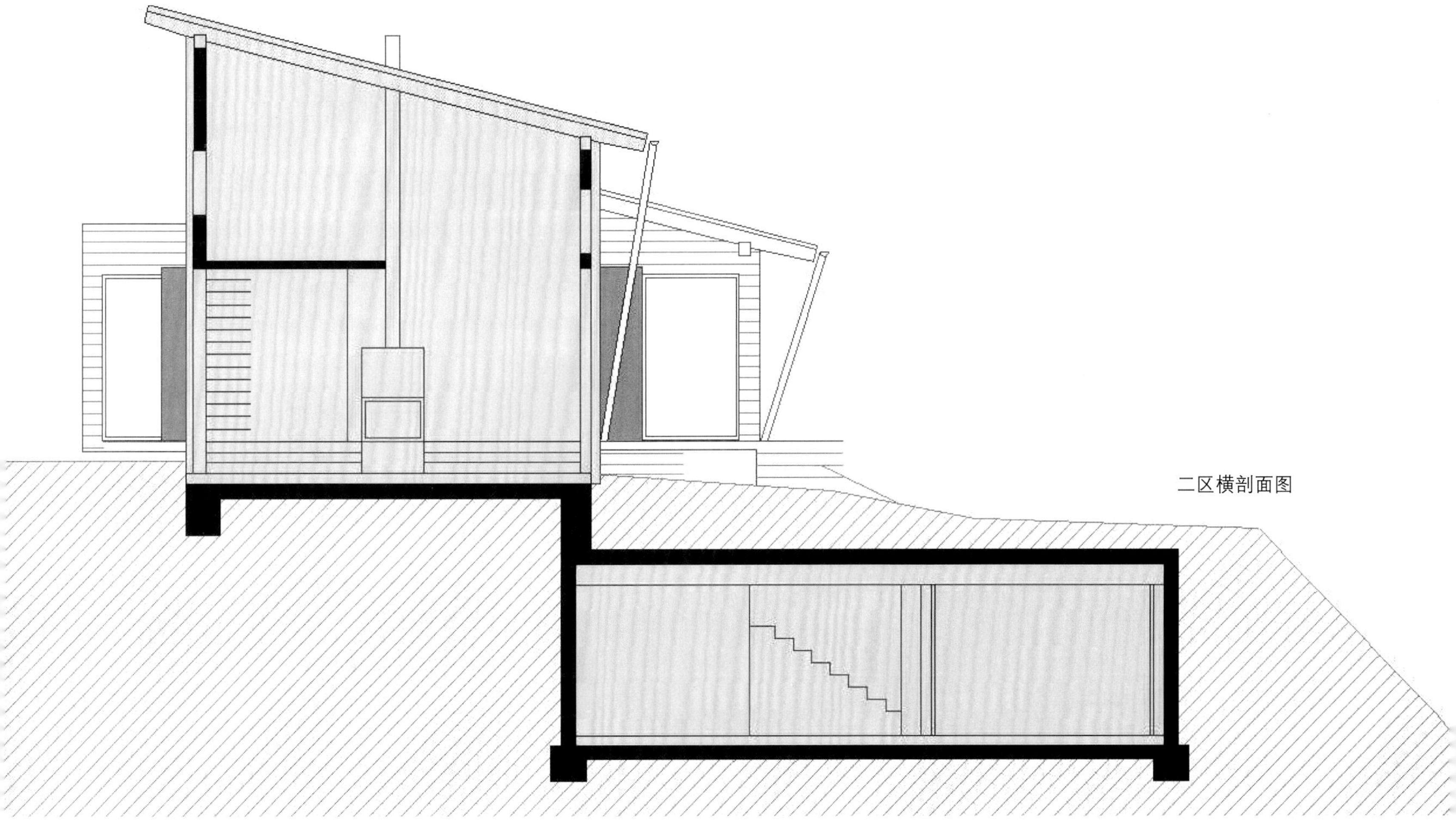

二区横剖面图

CCS Architecture

Aptos Retreat

美国，加利福尼亚，Aptos

摄影：Paul Dyer

房屋的主人是一对来自旧金山的夫妇以及他们的六个孩子，这些孩子从高中生到大学生不等。房屋位于海滩小镇Aptos内陆地区的圣克鲁兹山上，离圣克鲁兹市区并不远。这个占地面积为0.2平方公里的场地可以欣赏到山景和海景，离太平洋只有8公里的路程。这家人希望房屋设计成休闲的乡村风格，应用环保设施，减少碳排放量。设计方案中也有一系列的功能房间，如聚会厅，厨房，阳光屋，游泳池，射箭场地，马房，花园和柴火房。

工程有两个主要房屋和翼楼，其他娱乐设施也与乡村风格建筑相一致。

主楼房面积为260.12平方米（2800平方英尺），由生活楼和休息楼组成，楼房的一部分屋檐相互重叠用以相互连接和遮阳避雨之用。休息楼位于生活楼的高屋顶之下。生活楼包括餐厅、客厅和厨房，楼上另有主人套房。厨房位于中心位置，两边分别是客厅和餐厅。车库是一间面积为148.64平方米（1600平方英尺）的仓库，采用Corten不锈钢作为覆盖层，其配备作为房屋的“俱乐部”。

在达成客户设计要求的同时，建造工程也考虑了如下可持续措施：

太阳能取热系统可供应家用热水，也能为游泳池和水力辐射地板提供热量。所有外墙的材料都采用了仓库的旧木头。

Corten不锈钢是一种高含量的再生类产品，可用作主屋的屋顶材料，也可用于仓库的墙壁和屋顶。

实用型窗户和自然通风设计。

建筑：
CCS建筑事务所
主设计：
Cass Calder Smith
建筑师：
Tim Quayle
主承包商：
房屋游泳池和其他：MBS Custom Builders
加州La Selva Beach
车库：
加州Westport Builders, Santa Cruz
室内设计师：
加州Santa Cruz, Lynn Ross Designs
景观设计师：
加州Capitola, Natalain Schwartz Designs
结构工程师：
加州Coarsegold, Ron Belknap
土木工程师：
加州Scotts Valley, David Dauphin
太阳能技术：
加州Santa Cruz, Solar Technologies
Tent Cabins:
Sweetwater Bungalows
面积：
房屋：260.12平方米（2800平方英尺）
车库：148.64平方米（1600平方英尺）

3603

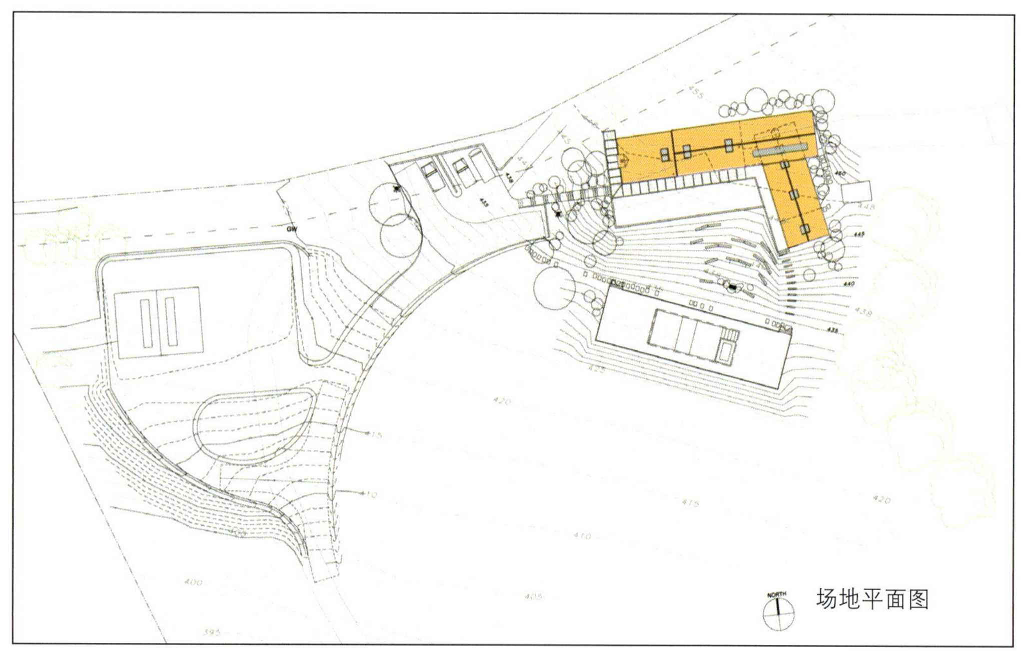

场地平面图

工程有两个主要房屋和翼楼，其他娱乐设施也与乡村风格建筑相一致。这两栋楼的部分空间上下重叠，在生活和睡眠空间之中形成了一种无形的联系。

房屋外观为仓库旧木头设计，屋顶使用Corten不锈钢覆盖。室内则混合采用了混凝土地面、木头、石头和钢材料。

部分平面图

1. 主人套间
2. 卫浴
3. 向下开口

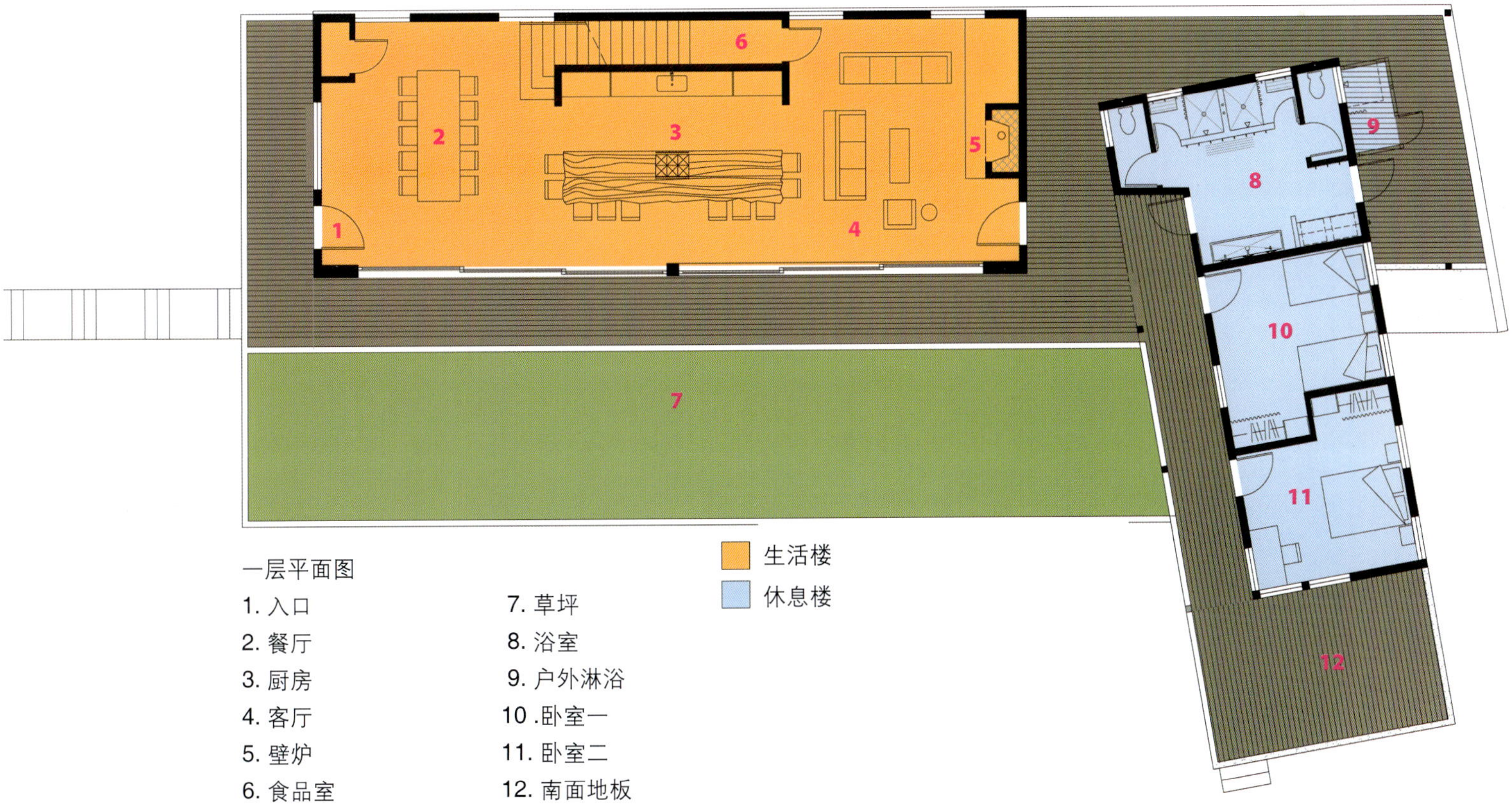

一层平面图

1. 入口
2. 餐厅
3. 厨房
4. 客厅
5. 壁炉
6. 食品室
7. 草坪
8. 浴室
9. 户外淋浴
10 .卧室一
11. 卧室二
12. 南面地板

生活楼

休息楼

卧室单元被设置在客厅高屋顶下方。

Okuno Architectural Planning

Wakakusa住宅

日本，山梨县，早川町

摄影：Okuno建筑规划事务所

这个房屋最大的特点就是在右侧设计了一堵自东向西围绕的外墙，其材料为红色雪松木板，大小为90x20毫米 (3.5x0.8英寸) 。这种材料一般用作篱笆，但若使用得当，也是墙壁的理想材料。墙壁的木板与木板之间有20毫米的空隙，一眼看过去就像是日式木质房屋中尚未完工的墙壁，连石膏都还没抹上。客户希望全家人都能加入到建造工程中来，所以油漆的工作就留给了他们。木板之间预留的20毫米的空隙可作为日后架设搁板之用，也可以在木板上安装图钉和螺丝用来挂东西。

与这面墙平行的是房屋内一系列的功能空间，供丰富的日常家庭生活所用：厨房、餐厅、客厅、儿童游戏房以及末端露台。这个"板条墙"将私人区域与公共区域隔离开来。南面是公共空间，由客餐两用厅、厨房和自由空间组成；北面则是入口、仓库和浴室。房屋南边有一面1.4米 (4.6英尺) 长的横窗，令这部分室内空间对外完全透明，这是为了突出强调板条墙的横向效果。窗户采用空间占用最小的钢条支柱，并利用穿过室内的那部分板条墙支撑侧面重量。

室内使用了三种颜色不同的天然木材，墙壁是红色雪松木，地板为黄色松木和灰色橡木，其排列的方式体现了每种木材的特色。

其他房间都预留了"自我设计"的工作，可让屋主一家根据自己的喜好完成室内装修的最后阶段。就像他们与众不同的生活一样，这个房子也会成为一个独一无二的家，是他们自己设计的家。

建筑：
Okuno建筑规划事务所
场地面积：
255平方米 (2747平方英尺)
建造面积：
75平方米 (811平方英尺)
总占地面积：
117平方米 (1262平方英尺)

一面雪松木墙壁将房屋一分为二，将公共空间与私人空间明确隔开。

南立面图

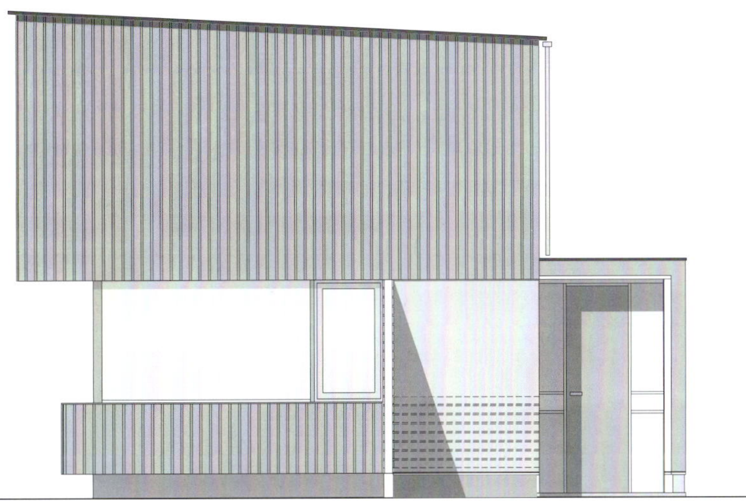
东立面图

房屋最具创新性的一个特色就是建筑师很巧妙地令它呈现出未完工的状态，因为客户想要全家人都参与到房屋的建造工程中来。这个设计可使他们自由设计未完工的部分，以最终完成房屋的建造装修。

一层平面图

1. 挑空
2. 储藏室
3. 大厅二
4. 架子
5. 柜台
6. 衣柜
7. 主卧
8. 儿童房一
9. 儿童房二
10. 阳台二
11. 阳台一

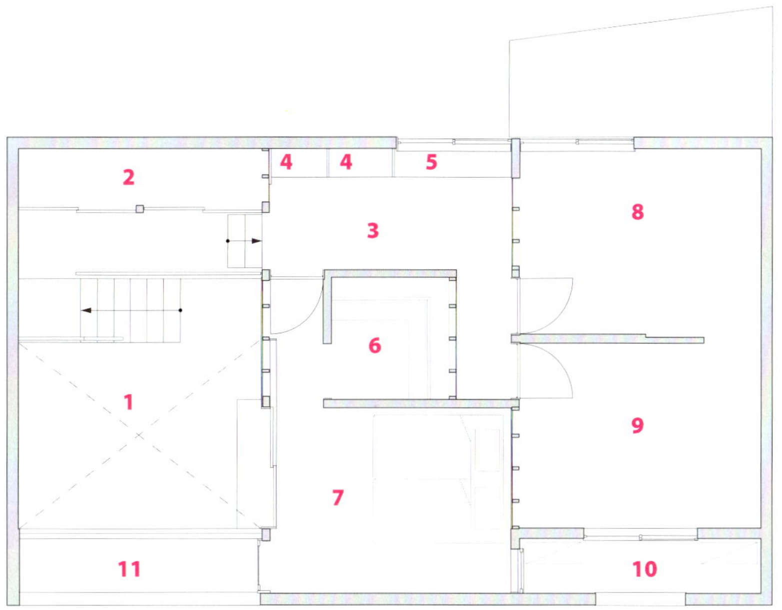

底层平面图

1. 过道
2. 入口
3. 鞋柜
4. 大厅一
5. 食品室
6. 厕所
7. 储藏室
8. 厨房
9. 客餐两用厅
10. 自由空间
11. 木板露台
12. 后院
13. 浴室
14. 盥洗室
15. 柜子
16. 架子

室内设计中采用了三种不同的木材，每一类木材都体现了不同的自然色彩。墙面采用的是红色的雪松木，地面则是黄色的松木和灰色的橡木，这样的布局和安排充分展示了每类木材的特点。

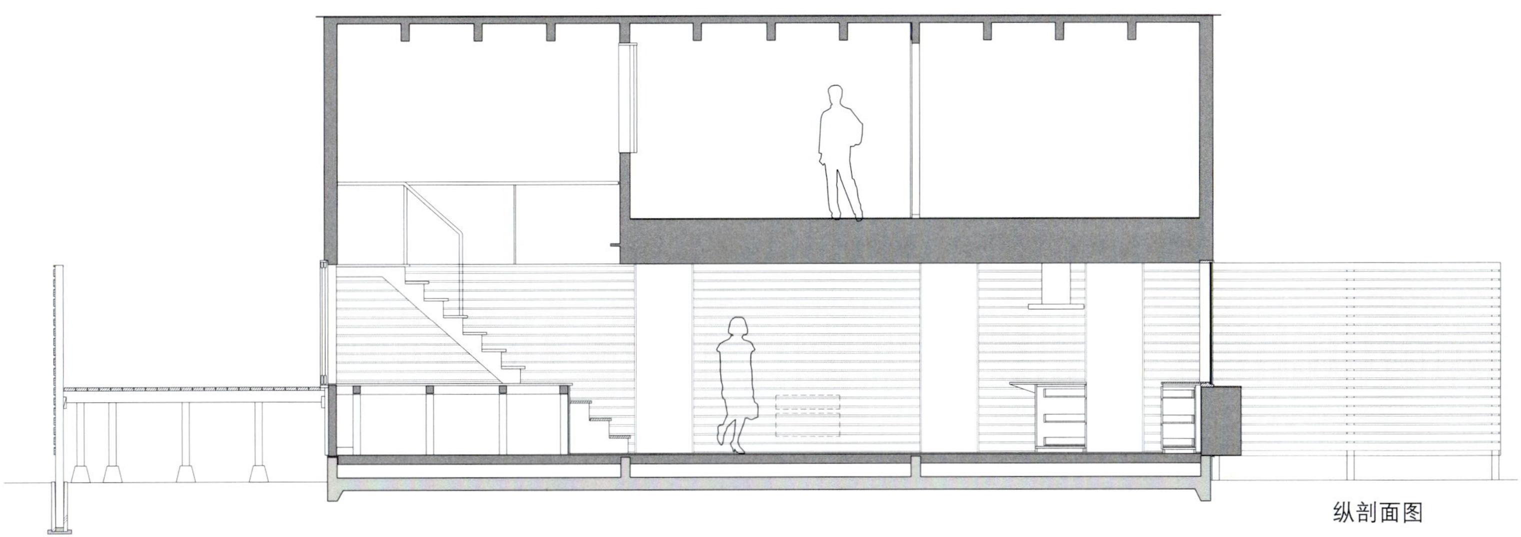

纵剖面图

Barre Lambot Architects

F别墅

法国，布列塔尼，MesquerFrance

摄影：Barre Lambot Architects

F别墅就在南布列塔尼Mesquer镇的大西洋海岸线附近，其占地面积为1691平方米 (18202平方英尺)。这里住宅区的房屋有多种风格，零星散布在松树林中，通常是主人用来度周末的。别墅由两个长条形楼房组成，功能分工十分明确。

主架构基本由23.6x5.44米 (77x18英尺) 的楼房组成。区域中央的空地朝南的部分采光条件比较好，所以房屋就定在场地北端。由于场地地形的限制，别墅就设计成长条形空间，且位于树林的包围之中。这个长条形建筑很好地穿插在松树之间，无需移动和搬迁。

主建筑体现了“家”的感觉，是一个宽敞而开放的生活空间，配有开放式卫浴室，两边都与卧室相连，并有成套的浴室配备。这些房间各自另有不同的入口，可让人们自由进入，且不必经过客厅就可离开。在别墅的西端和东端有两个夹楼，一个配有小型办公室，另一个则是娱乐空间，可用作台球室。木质书桌一端靠着起居室的法式落地窗，打开窗户就能内外相连，感觉十分宽敞自然。别墅的次建筑稍稍窄一些，长度也只有主建筑的一半，方向与之垂直。这种结构正好能容纳一个车库，可停放两辆私家车，且后门可直通马路。次建筑也有两个以上的卧室，以及一个公共小型卫浴室，南端有一个夹楼，可作为储藏室用。

这两个建筑围成了一个充满阳光的花园空间，可不受海风和路人视线的影响。

建筑：
Barre Lambot Architects
主建筑师：
Philippe Barre & Agnes Lambot
占地面积：
1798平方英尺 (167平方米)

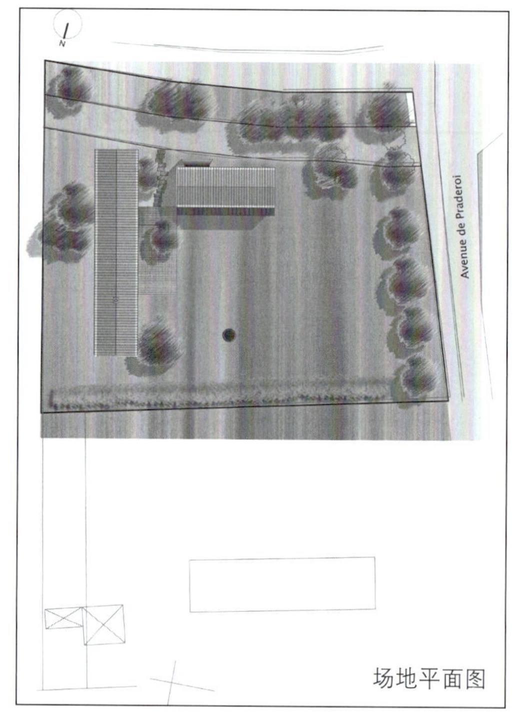

场地平面图

这里的住宅区的房屋有多种风格，零星散布在松树林中，通常是主人用来度周末的。

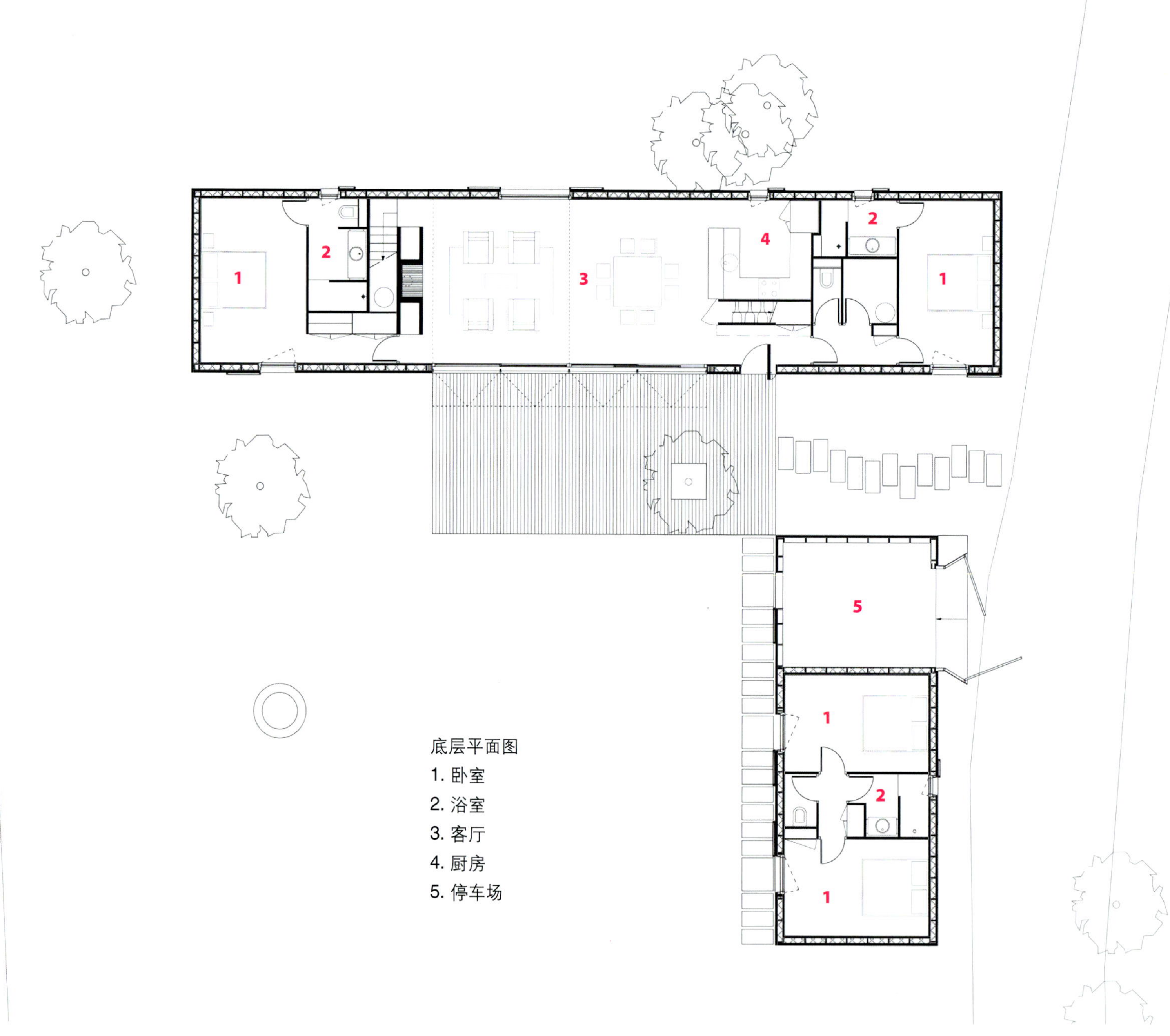

底层平面图

1. 卧室
2. 浴室
3. 客厅
4. 厨房
5. 停车场

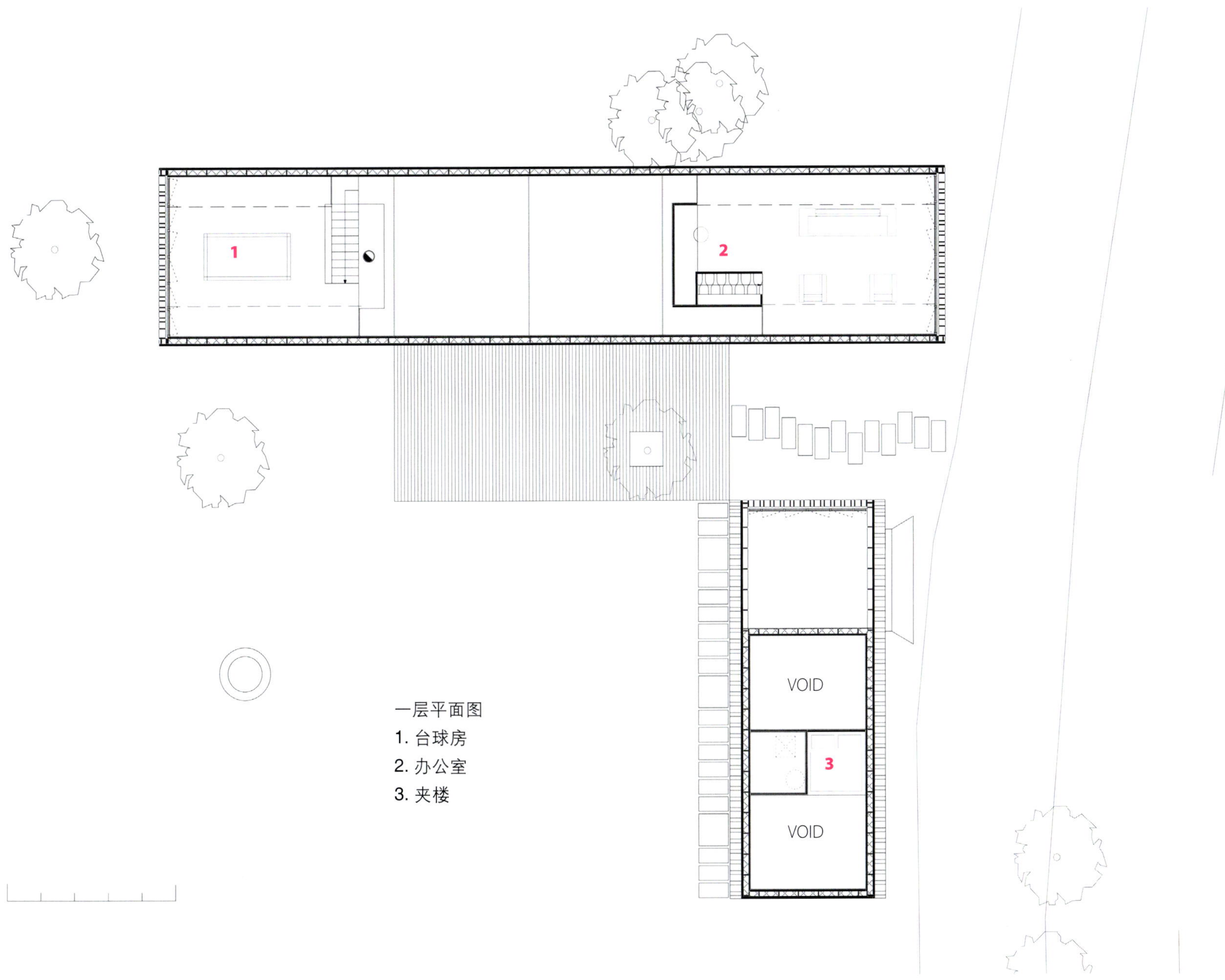

一层平面图
1. 台球房
2. 办公室
3. 夹楼

别墅的两部分建筑相互垂直，中间便围成了一个花园。

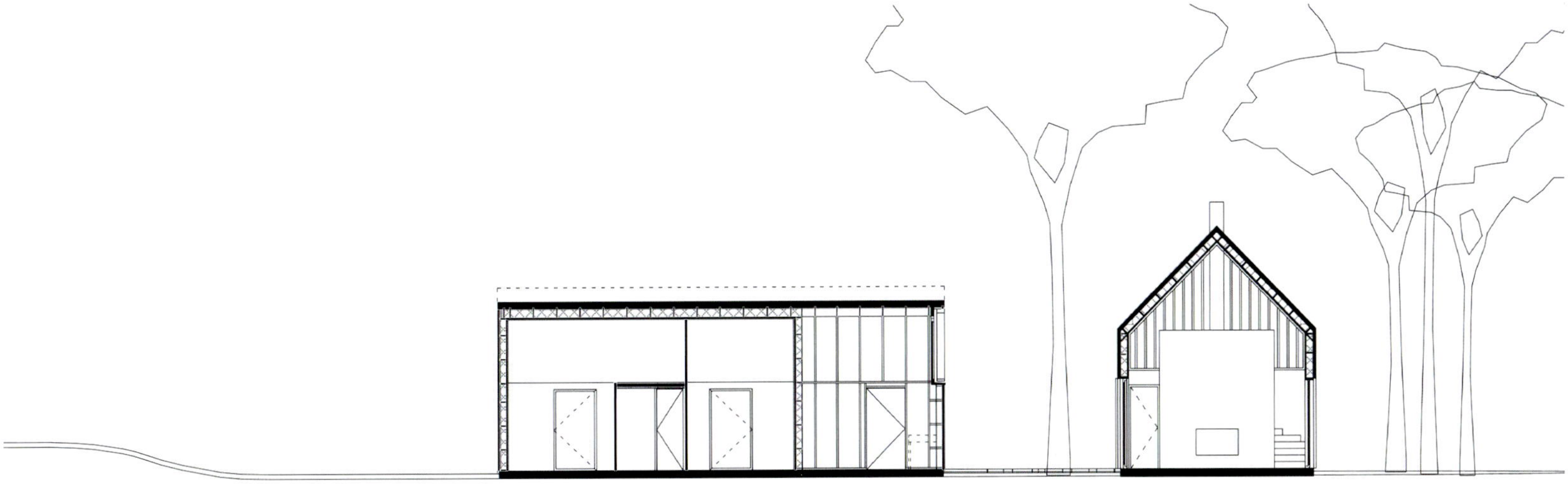

纵剖面图

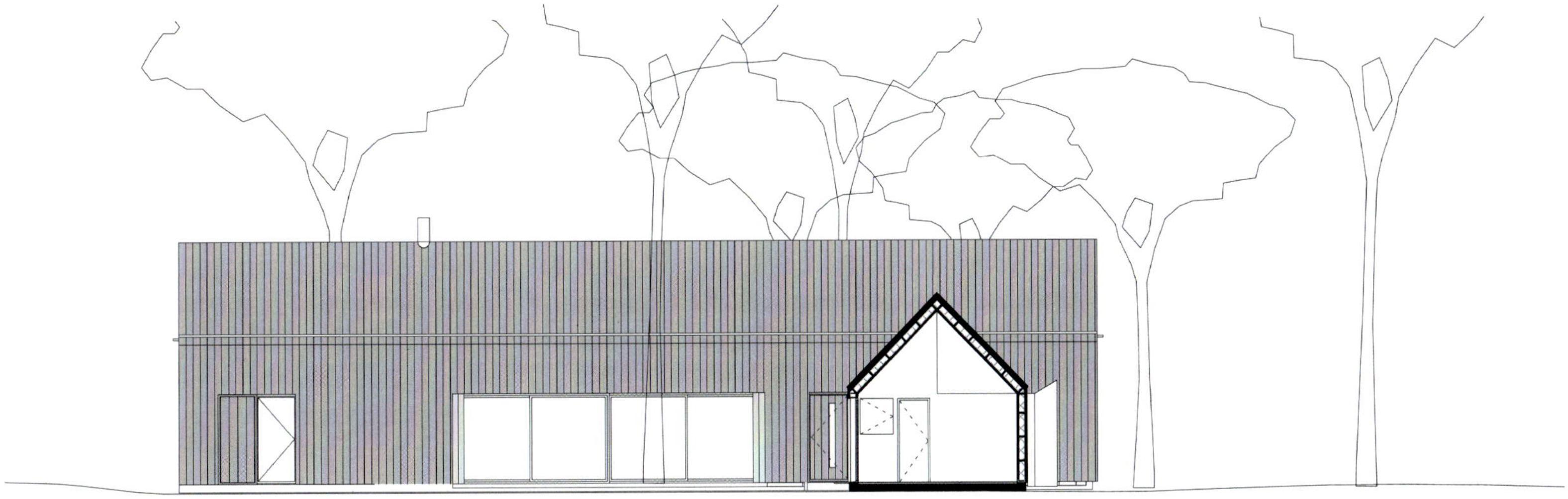

横剖面图

房屋表面使用木材覆盖，与周围的环境和松树林完美地融合在一起。在无人居住时，房屋可全部封闭，外形就像是车库，减弱了视觉效果却增强了安全性。

Joeb Moore + Partners Architects

螺旋住宅

美国，康涅狄格州，Old Greenwich

摄影：Jeff Goldberg / Esto and Todd Mason

房屋就在康涅狄格州长岛海峡的海岸线。屋主希望能通过光线、空气和具有海岸气候特色的水流设计，凸显房屋的特殊地理位置。

房屋的外观是考虑到当地严酷的环境和分区法规而设计的，这个法规详细限定了洪水高程、建筑高度、外墙缩进和覆盖区。房屋设计为螺旋状，意指大自然和生机勃勃的世界，其形态优雅美观，巧妙地融和了室内室外两个空间，且能给周围环境及路人以强烈的空间感，模糊了房屋与环境的界限。

房屋的色彩十分简洁，采用雕刻式混凝土柱脚，再往上则是凹槽面雪松木板屋，每一层都装有玻璃幕墙。坚实的地基、轻质螺旋结构、玻璃幕墙所呈现的透明感以及外观所共同呈现的多变风格，刻画了一幅海边小屋的美景。

因为想在住宅中打造一种多形式多现象的居住体验，才产生了这个设计方案。与室内空间风格完全不同的是，建筑师着重打造房屋生动而立体的外观，让人感觉到无限可能的生机。

建筑：
Joeb Moore + Partners Architects
主设计合作方：
Joeb Moore
工程建筑师：
Matt Burgermaster
主承包商：
Frank Talcott
玻璃窗/门顾问：
Front Inc.
面积：
370平方米 (4000平方英尺)
(不包括车库)

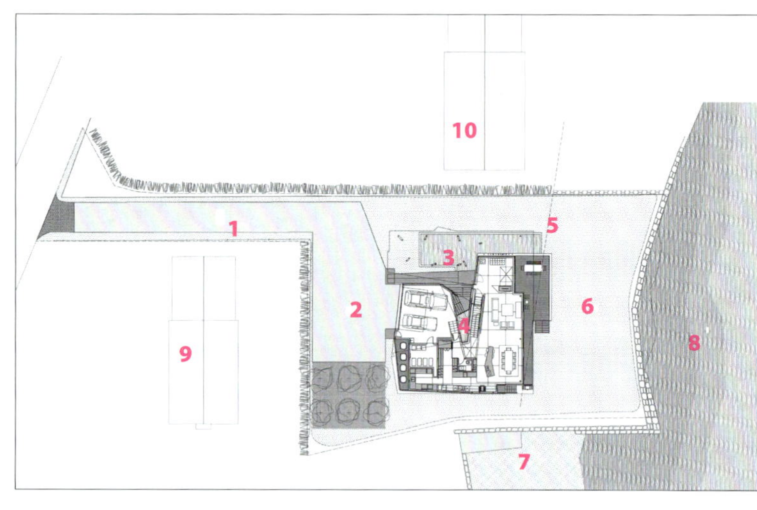

场地平面图

1. 车道入口
2. 停车场
3. 入口与岩石花园
4. 水池
5. 防洪区
6. 后院草坪
7. 场地边缘的海滨
8. 长岛海峡
9. 现有的20世纪40年代殖民地风格房屋
10. 现有的海岸风格木质凉亭

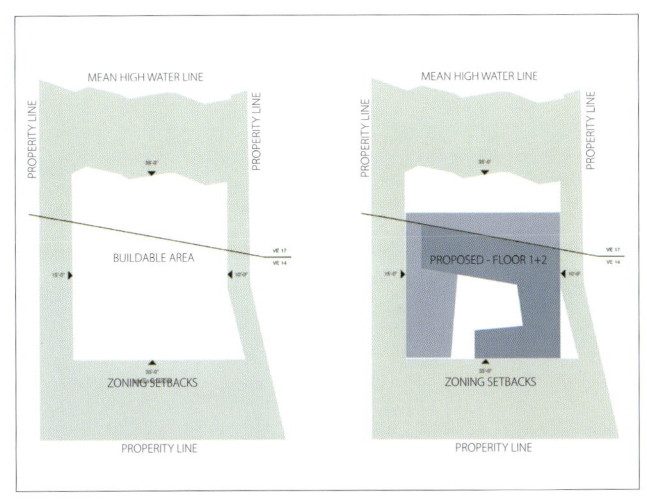

房屋设计为螺旋状，意指大自然和生机勃勃的世界，其形态优雅美观，巧妙地融和了室内室外两个空间，且能给周围环境及路人以强烈的空间感，模糊了房屋与环境的界限。

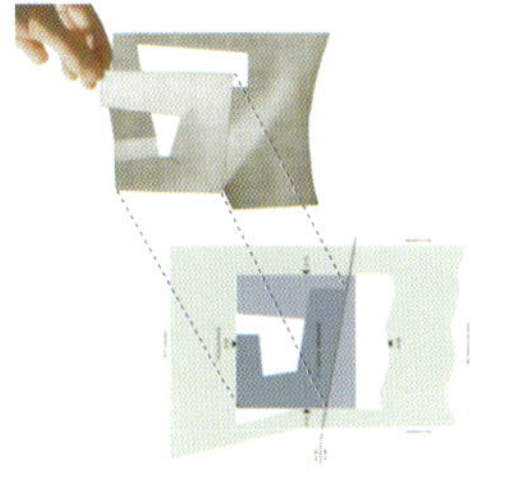

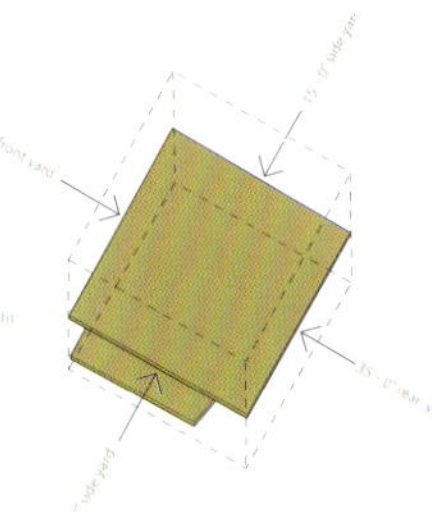

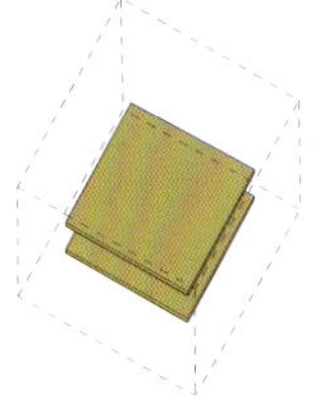

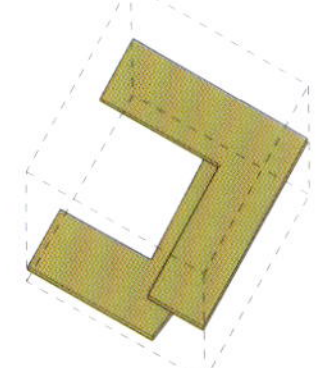

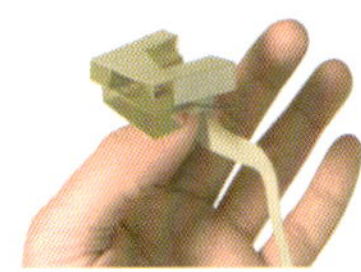

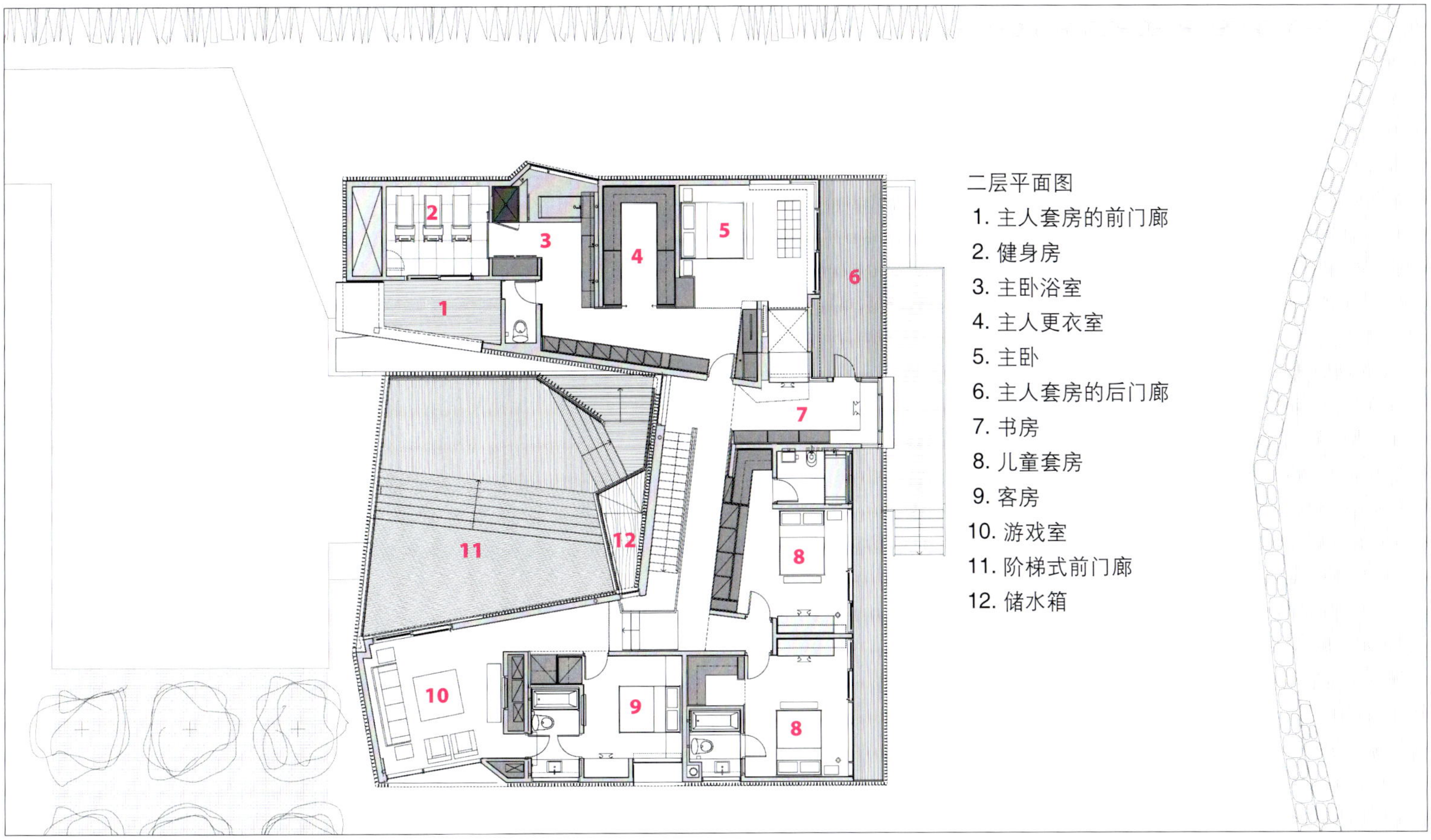

二层平面图

1. 主人套房的前门廊
2. 健身房
3. 主卧浴室
4. 主人更衣室
5. 主卧
6. 主人套房的后门廊
7. 书房
8. 儿童套房
9. 客房
10. 游戏室
11. 阶梯式前门廊
12. 储水箱

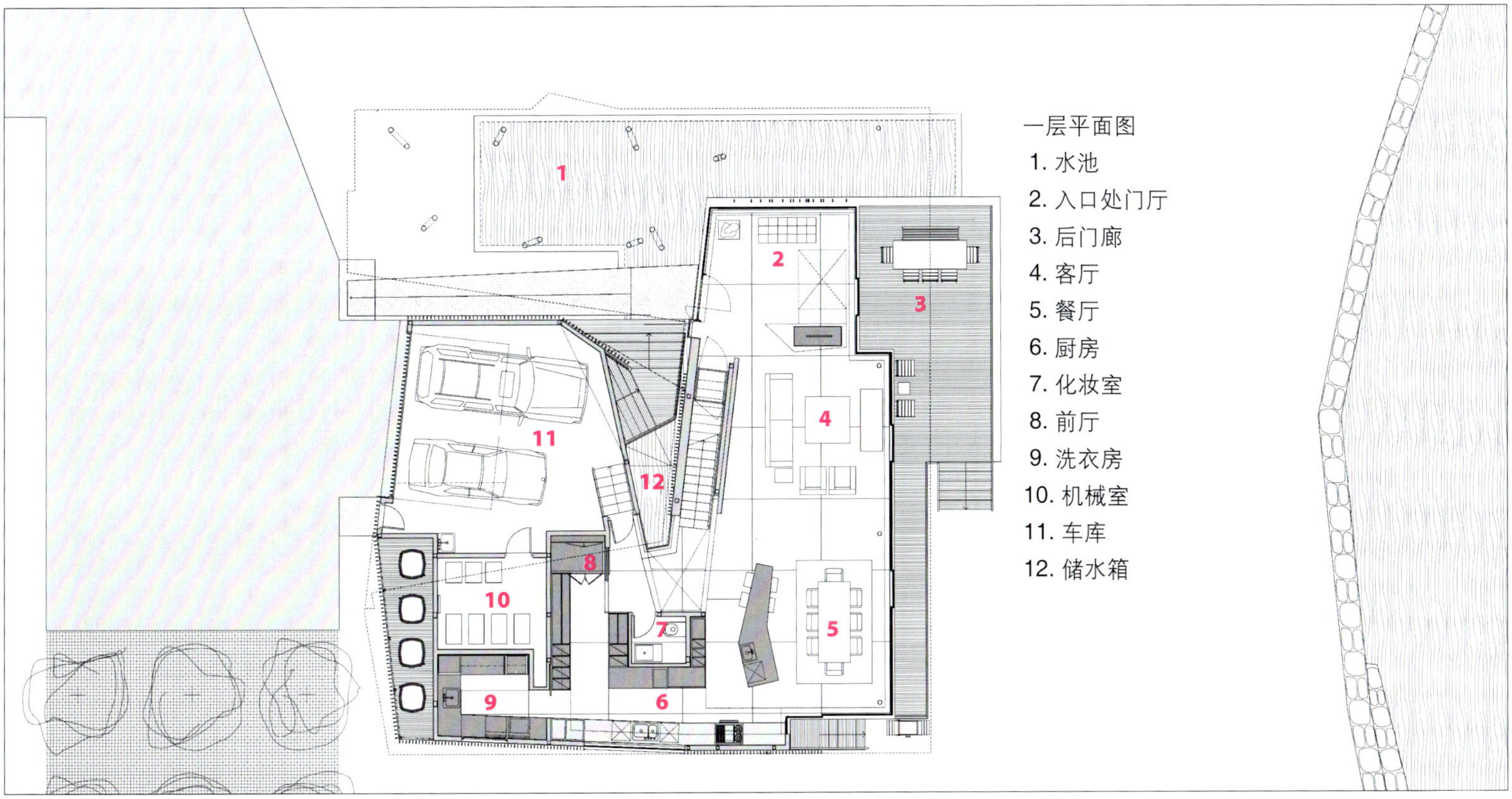

一层平面图

1. 水池
2. 入口处门厅
3. 后门廊
4. 客厅
5. 餐厅
6. 厨房
7. 化妆室
8. 前厅
9. 洗衣房
10. 机械室
11. 车库
12. 储水箱

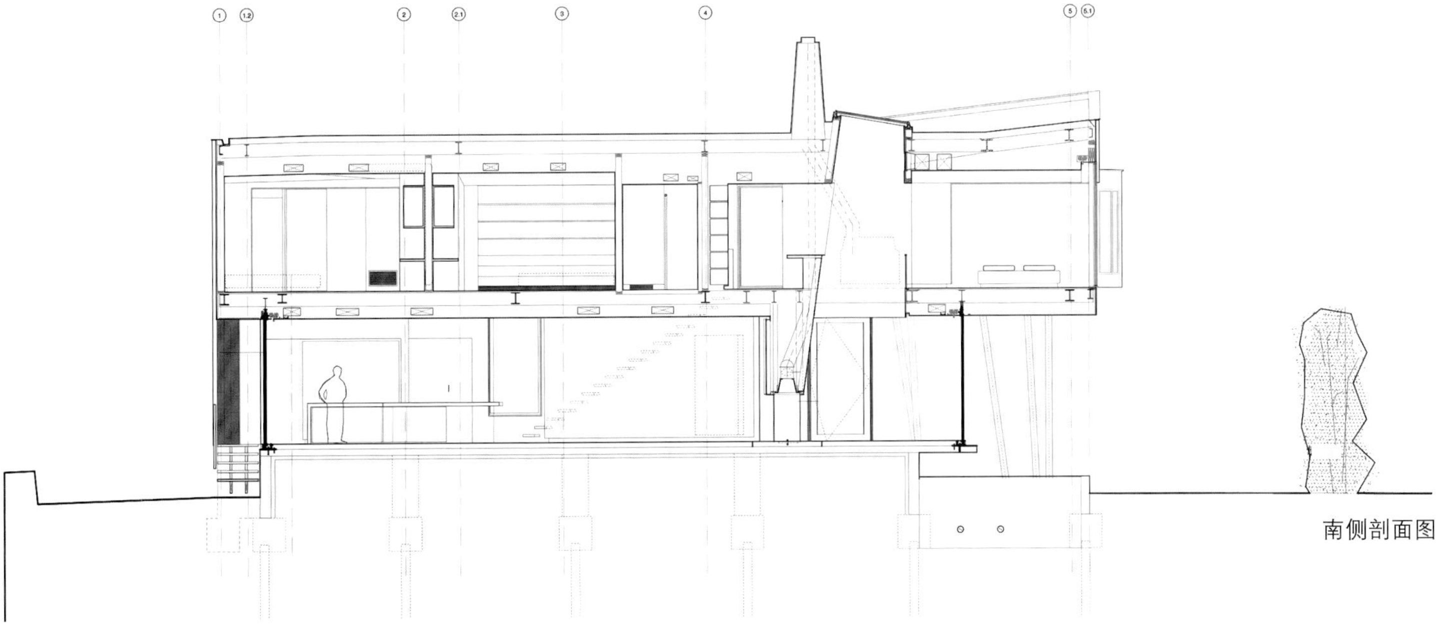

南侧剖面图

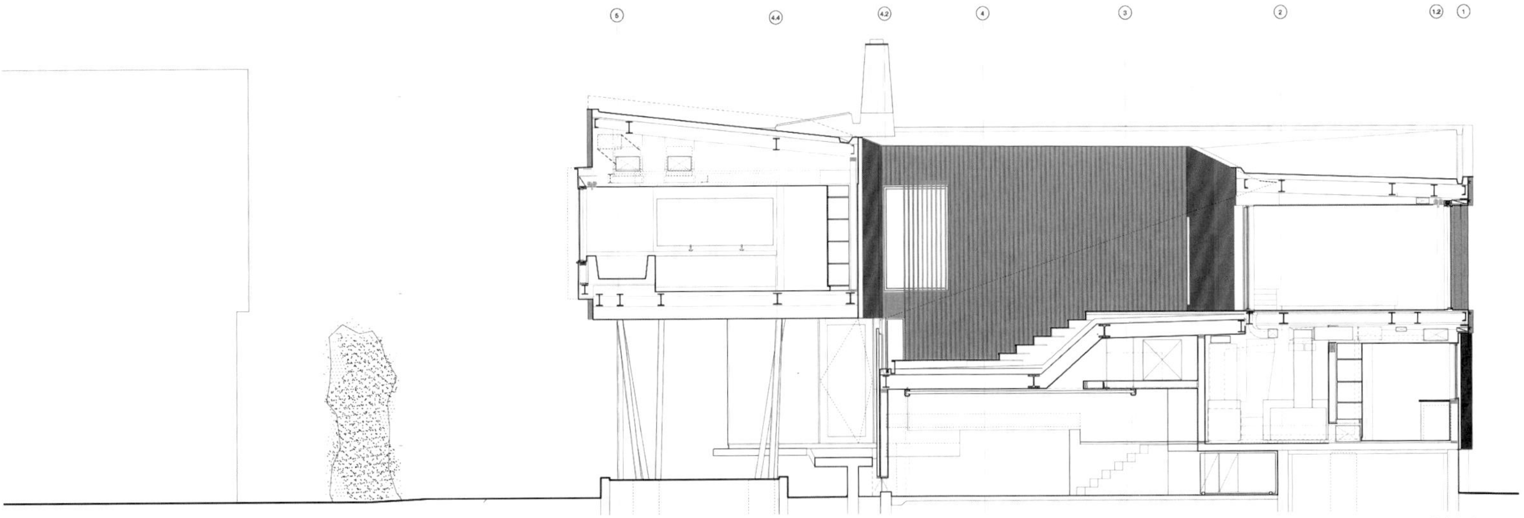

北侧剖面图

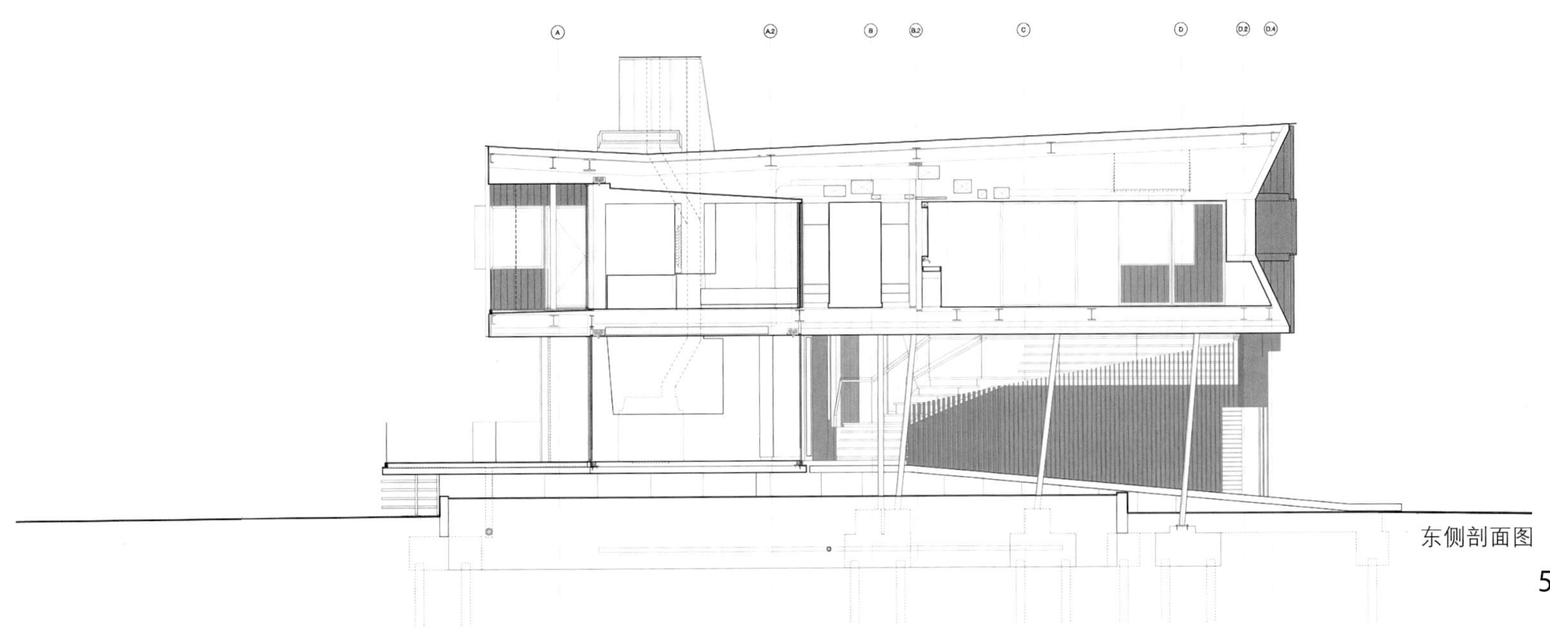

东侧剖面图

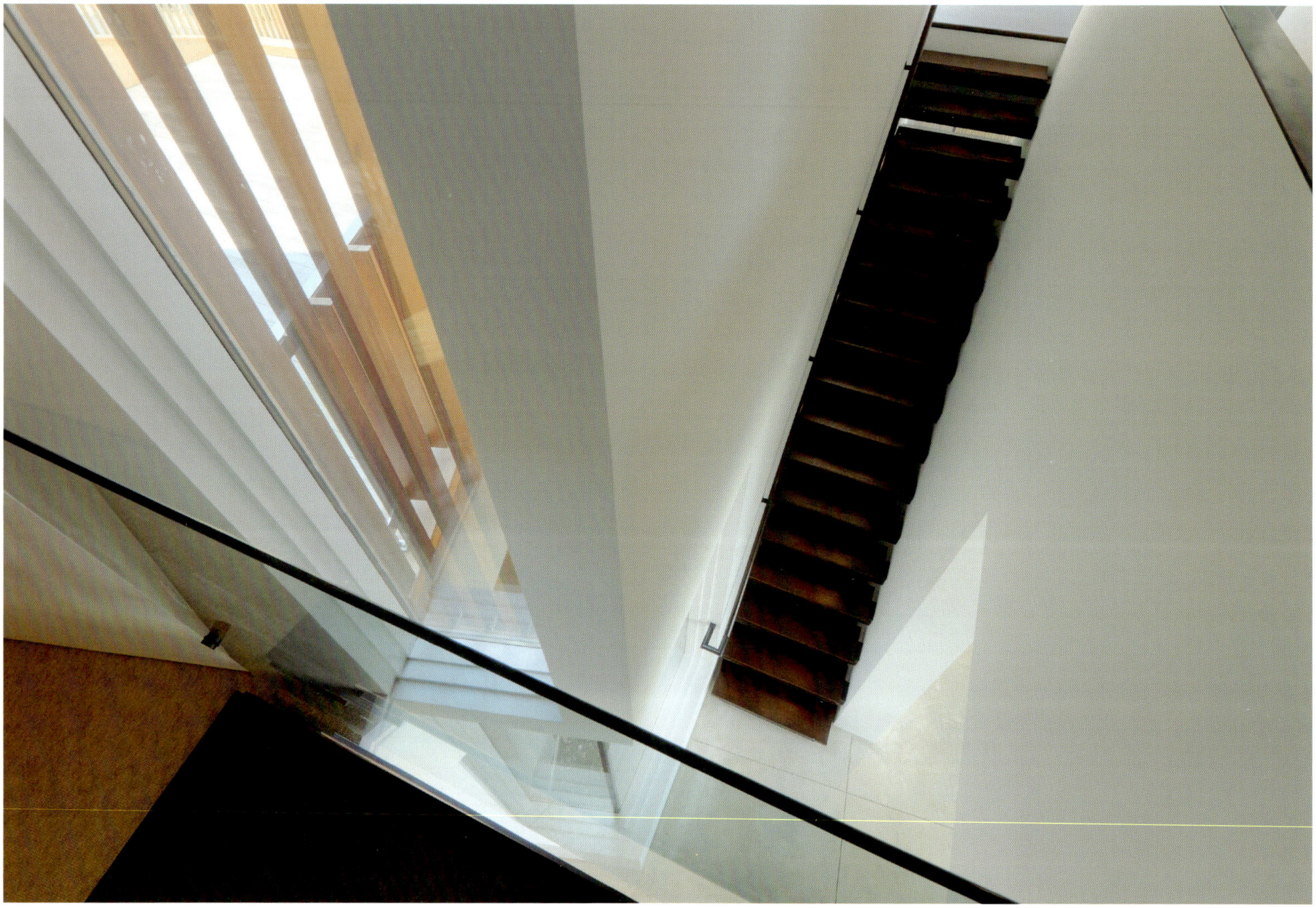

经过精心雕琢的混凝土柱基慢慢延伸成螺旋形的木结构，其外表包裹了一层雪松木，与落地玻璃幕墙相互映衬。这些实心结构基础与轻质螺旋结构和外表面的透明质地相互作用，形成一种飘逸感，体现了住宅与其所处的沿海岸位置之间的关系。

A5.12.6
A5.12.7
A5.12.7
25'-4 1/2"
3'-2 3/4"
DN
25'-4 1/2"
A5.12.2
6'-8 1/4"
5'-0 5/8"
23'-8 7/8"

楼梯——平面图

楼梯——剖面图

1 3/8"
1"
2'-3 3/4"
3/4"
1"
15'-2 3/4"
16'-1"
4 3/4"
1'-2 1/2"
1'-4 1/2"
4'-3"
A5.12.8
TO MATCH TREADS)
1'-7 1/4"

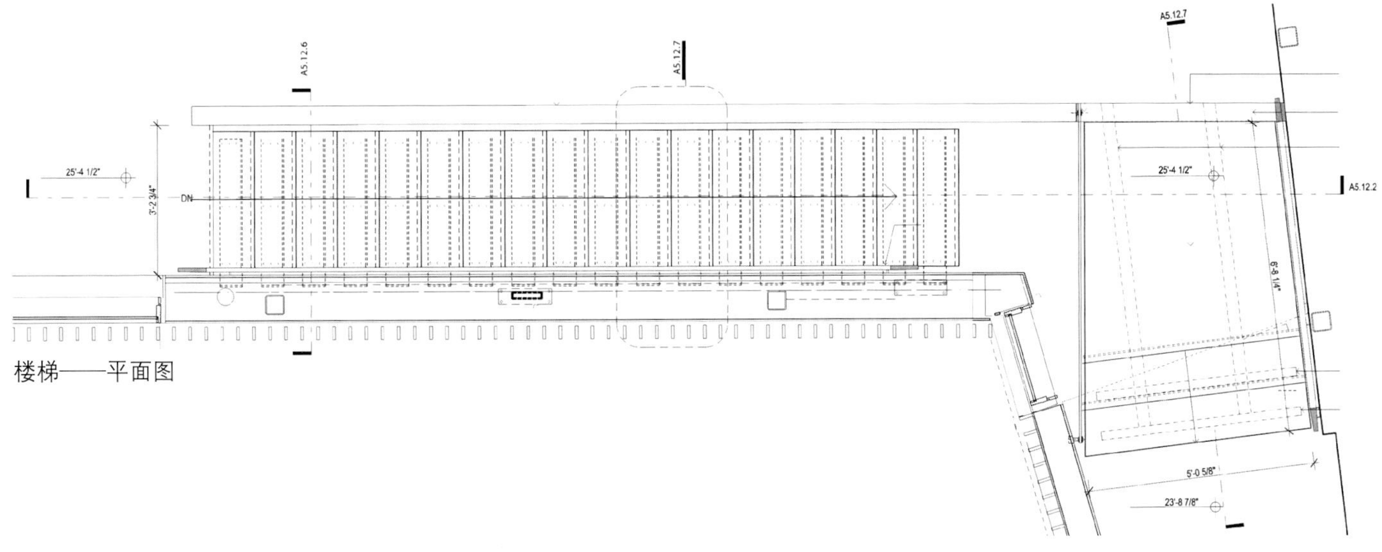

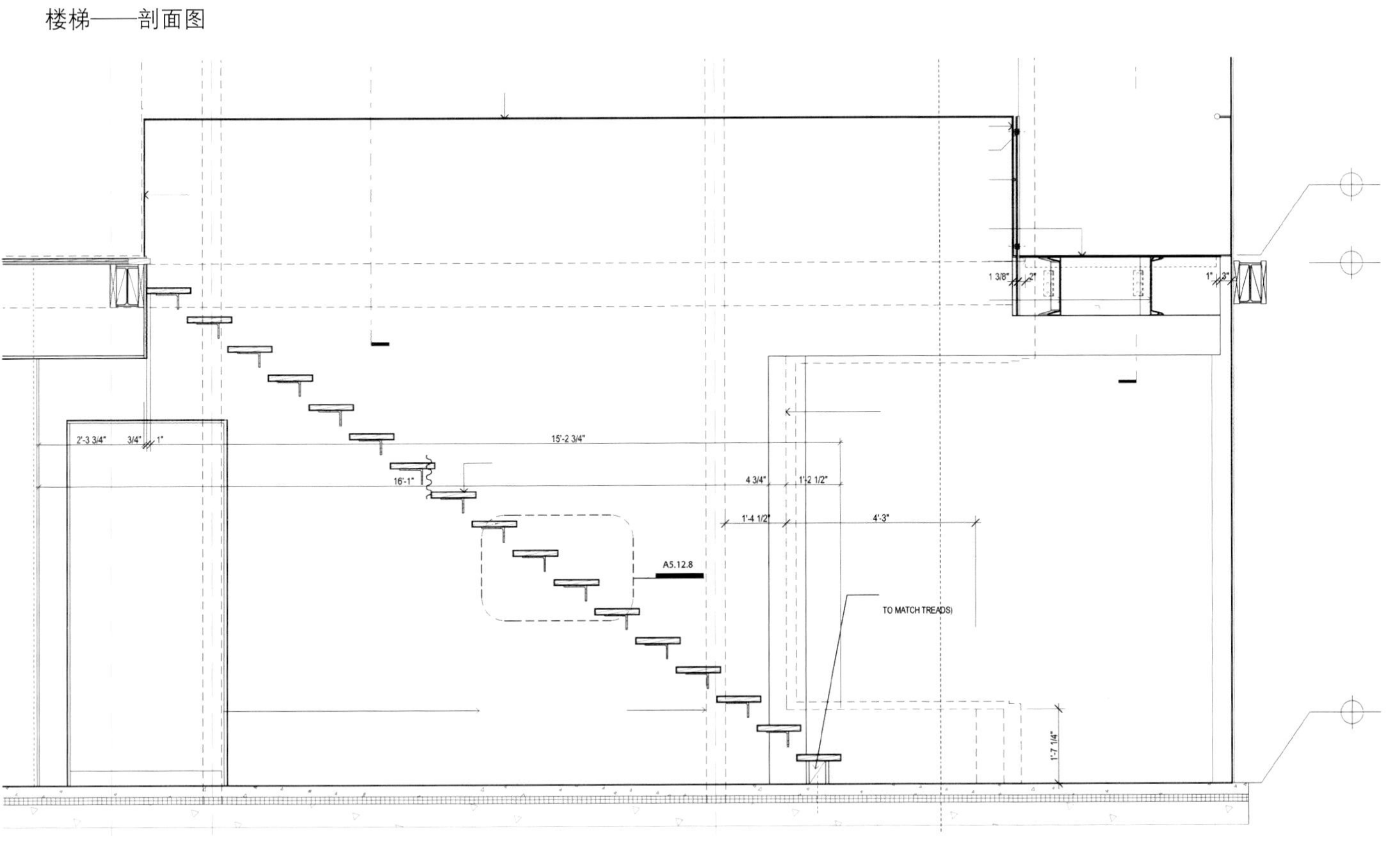

Widjedal Racki Bergerhoff

岛屋

瑞典，斯德哥尔摩群岛

摄影：Ake E: Son Lindam

建筑：
Widjedal Racki Berherhoff

这个建筑建在斯德哥尔摩群岛其中一个小岛上的滨水地区，是一栋悠闲的私人住宅。由于冬季无法进入小岛，所以这里的房屋都用作消夏，而那些屋主也最喜欢享受这里明媚的日光。

房屋的设计能使人方便地进出，户外也与室内一样有许多类似厨房的空间。面海的一边采用了全玻璃饰面，这样在夏季就能让室内的起居空间充满阳光且十分亮堂，而再分不出室内与室外的界限，仿佛它们早就融为一体了。

房屋背海的角度比较小，且比水面高一点，房体一半都隐藏在松树林中。面海一边的公共区域面积十分大，包括餐厅、厨房和休息室。地板、屋顶和公共核心空间是这里的组成部分。卧室、储藏室和浴室则集中在这个核心后方屋顶较低也较为封闭的区域，同时面向由岩石和老橡树所围成的独立庭院。因为房屋主要是设计作为娱乐之用的，所以尽量把卧室空间的面积减至最小，室内也使用了上下铺的床以增加空间利用率。

这个岛屋是放松和社交的理想场所，与邻近忙碌的都市生活截然不同。为了让人们在这里真正感觉到远离日常生活的喧嚣，所以并未安装电话线，完全与城市隔离，却与自然越发亲近：房屋的取暖就是靠在炉子里烧柴火。这里也没有设置水箱，只有夏季的自然流水。

所有房屋建造过程中的材料和设计处理使日后的维护工作十分简便，毕竟这个房屋就是为了让人们轻松自在而建的。

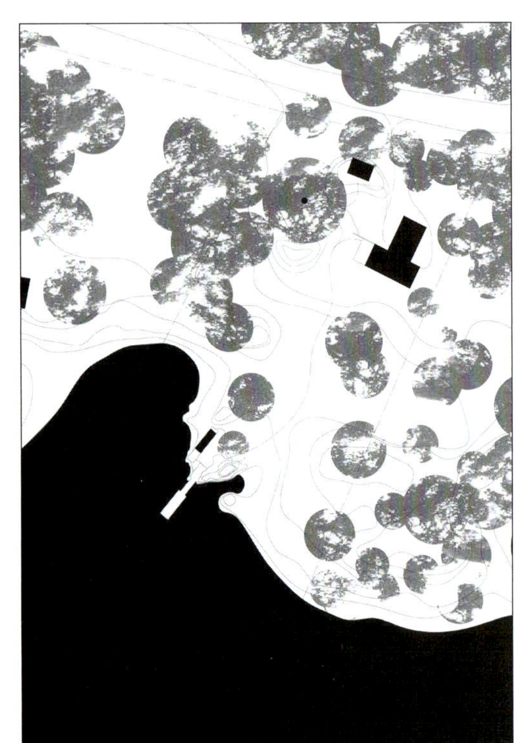

这幢建筑的位置稍稍偏后，整个建筑结构从岸边提升到人们视线中，建筑的一半被隐藏在松树丛中。正对海洋的是一片宽阔区域，可供人们在此随意活动，其中包括一个就餐区、厨房和休息厅。

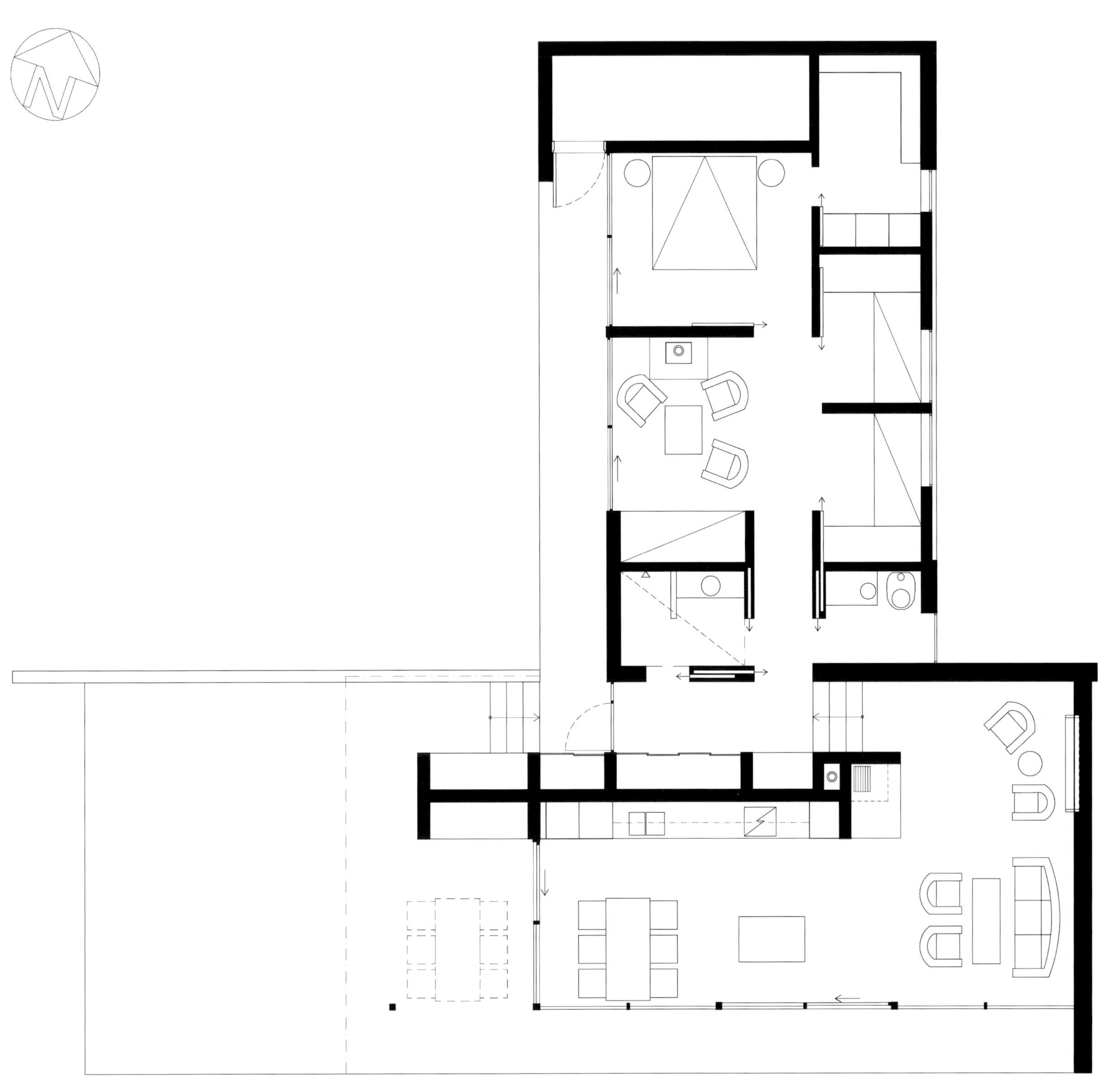

平面图

南立面图

完全与城市隔离，却与自然越发亲近：房屋的取暖就是靠在炉子里烧柴火。这里也没有设置水箱，只有夏季的自然流水。

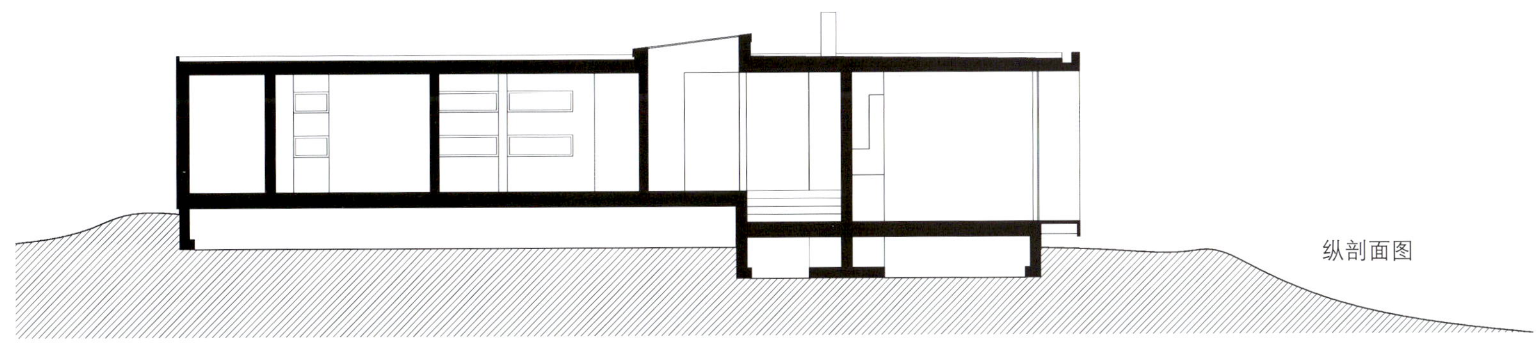
纵剖面图

Ding + Ulloa Davet

Metamorfosis

智利，卡萨布兰卡，Tunquén

摄影：Dd-Jud

Ding+Ulloa Davet这支瑞士智利团队为这栋极富魅力而原创的海景房进行翻新设计，房子位于卡萨布兰卡附近的智利城镇瓦尔帕莱索。原来的屋顶被改造成了能够赏海景的全景甲板。这栋私人住宅有一个独立的入口，主人不在家的时候，游客能够入室参观。为了加固屋顶，使其能够承受人在上面走动，建筑师在原有的梁的两边各加建了两根木梁，承受能力达到原先的四倍。

在入口上方伸出的空间里又加建了一间屋子，由于不需要柱子支撑，所以空间的结构更灵活，伸出的部分也可以当作屋檐，为入口处挡住日晒和雨淋。房子的结构是由俄勒冈松木制成的，这种松的纤维强度是放射松木的两倍，所以将放射松木用于房子其他的装潢中。

建筑师保留了原先的房屋布局并加固，这是为了保留家人对旧屋子的美好回忆，同时敲掉更多的南面墙体，这样在客厅也能看到海景。主卧在房屋东部靠下的地方，改建主卧是为了将堵塞了循环中枢的浴室移开。在东面开了一扇新大门，直接通向小镇。

在翻新过程中调整了窗户的位置，这是为了让人们从窗户里看到外面的美景。不同房间的窗外风景为各个房间营造了独特的气氛，也组成了室内的风景。

通风系统有外壳保护，通过抵抗风吹日晒的侵蚀来保证持久性，同时也保证了表面的恒温。这样翻新后，就不会像以前的外墙面那样受侵蚀。覆盖外墙面的木板排列很有节奏性，就像是一首歌，每三块木板过后就换一个模型的木板，每四组木板过后就换一组其他模型的木板。这样的组合为墙面带来了自然的外表，上面点缀着一扇扇窗。

通风系统的木制外壳一直延伸到屋顶，成为了屋顶扶手，并和建筑整体融汇一体，统一了木屋的整体形态。

建筑企划：
José Ulloa Davet, Delphine Ding
最初房屋设计：
Pedro Salas
结构工程师：
Teknoingeniería Ltda.
装潢监管：
Danio Ulloa Azocar
木匠：
Pablo Montoya
预算：
美元 70000
占地面积：
5000 平方米 (53820 平方英尺)
建筑面积：
180 平方米 (1937 平方英尺)

原先的房屋布局得到了保留，并且加固，这是为了保留家人对家的美好回忆。

北立面图
东立面图
南立面图
西立面图

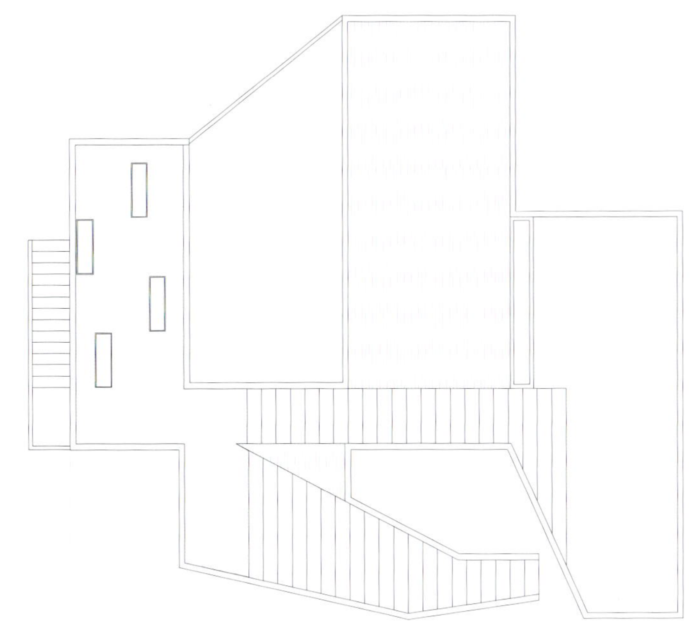

屋顶平面图

通风系统的木制外壳与屋内外的设计相呼应。

底楼平面图

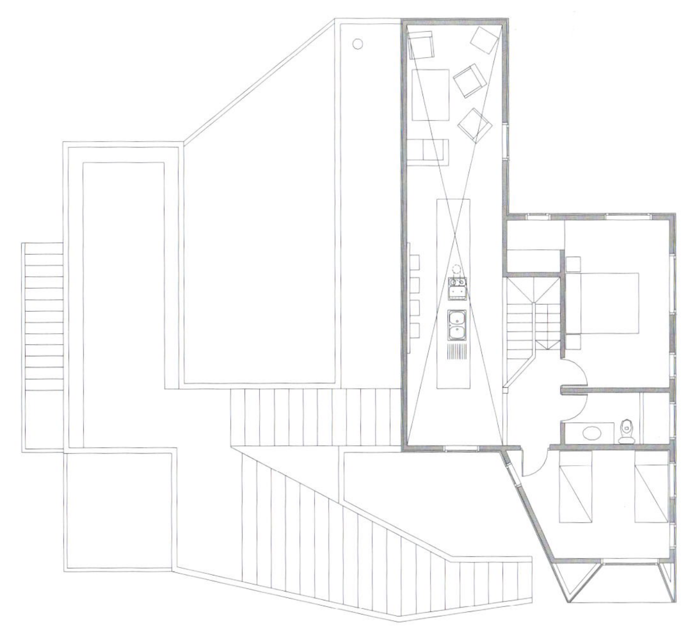

二楼平面图

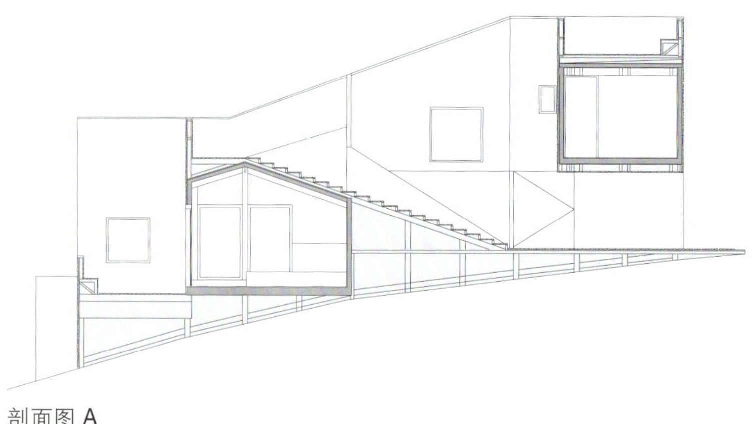

剖面图 A

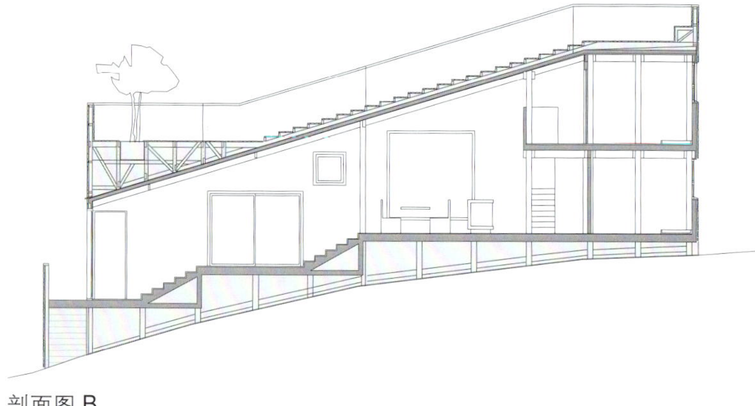

剖面图 B

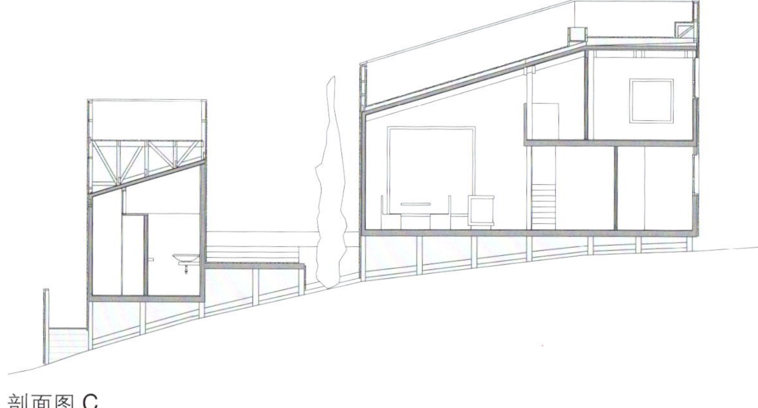

剖面图 C

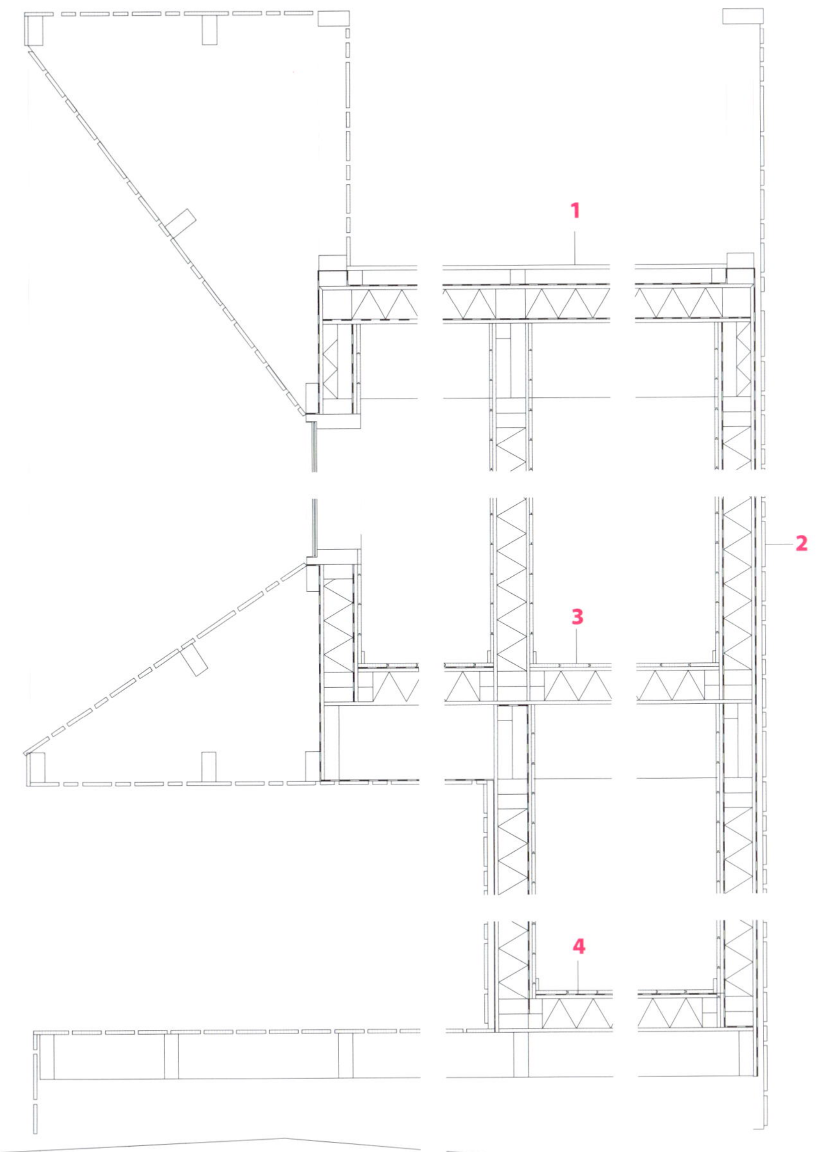

1

1. 屋顶：
1 x 4英寸木板, 2 x 2英寸补隙板
沥青板
12毫米胶合层压木板
100毫米玻璃纤维隔离板
阻凝层
12毫米胶合层压木板

2. 外墙：
1 x 4英寸木板, 2 x 2英寸补隙板/空气室
透气层和防潮层
12毫米胶合层压木板
100毫米玻璃纤维隔离板
阻凝层
12毫米胶合层压木板
1 x 4英寸木板

3. 地板：
1 x 4英寸木板
12毫米胶合层压木板
100毫米玻璃纤维隔离板
12毫米胶合层压木板
10英寸双层俄勒冈松木，支撑伸出的墙体

4. 地板：
1 x 4英寸组装木板
阻凝层
12毫米胶合层压木板
100毫米玻璃纤维隔离板
12毫米胶合层压木板

Prodesi – Pavel Horák

Stribrna Skalice周末度假小屋

捷克

摄影：Lina Németh

这片土地上原本是一栋破旧的小屋，户主希望建筑师能够设计一个现代风格的房子，这样他和他的家人就能每逢周末来这里度假，而在夏季，他们可能会在这里长住。

对于原先的小屋子，设计师保存下来的唯一部分就是一个巨大的石基，并将之用作混凝土板的地基以支持上面体积更突出的新房。建筑师将房子设计出完全现代化的木结构，以便与附近的其他房子风格一致。

北边的一些窗口打开着，面向道路，但是大部分玻璃窗都面向河边，即场地的南边。这样不仅保证了户主生活的私密性，同时也能欣赏河畔美丽的风景。

外木墙采用的是未加工过的落叶松，在经过风吹日晒后泛白得与周围的环境相融合。屋顶在隔热层外镀上了一层锡。完成了室内设计后，在建造过程中，还要考虑尽量节省人力和运输成本。所以除了壁炉，几乎整栋房子都是由当地的公司和承包商建造的。该项目中的大部分家具都是度身定制的。

建筑企划：
Prodesi-Pavel Horák
承包商：
Domesi,s.r.o.
占地面积：
133平方米 (1431.60平方英尺)

场地平面图

10

20m

建筑师将房子设计出完全现代化的木结构，以便与附近的其他房子风格一致。

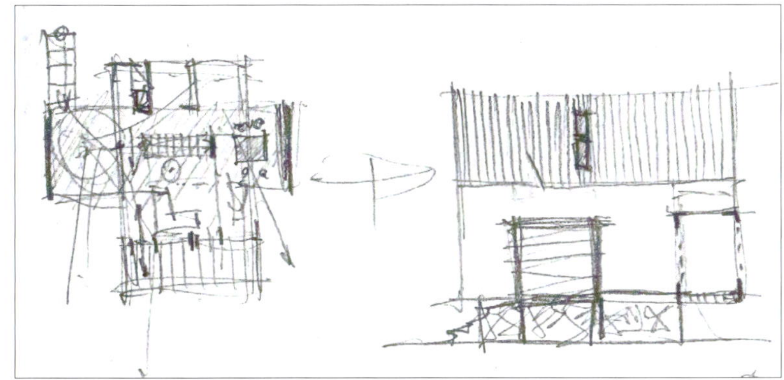
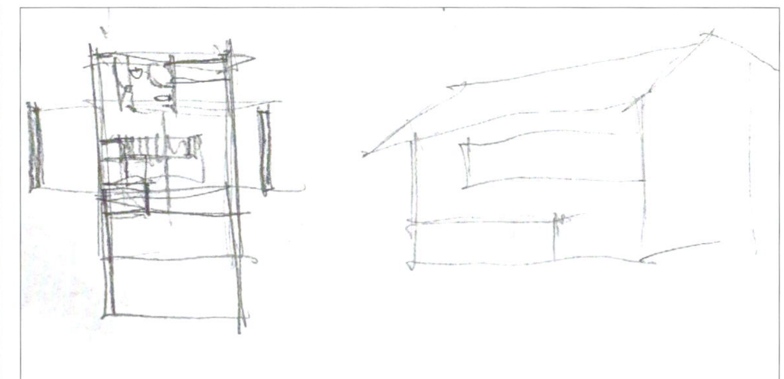

北边的一些窗口打开着，面向道路，但是大部分玻璃窗都面向河边，即场地的南边。这样不仅保证了客户生活的私密性，同时也能欣赏河畔美丽的风景。

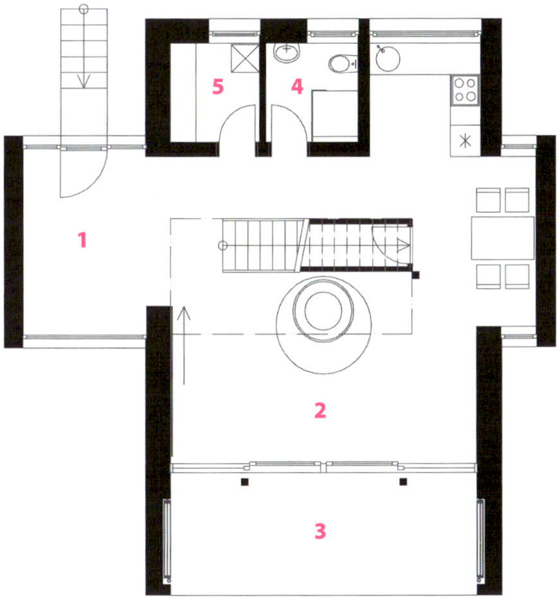

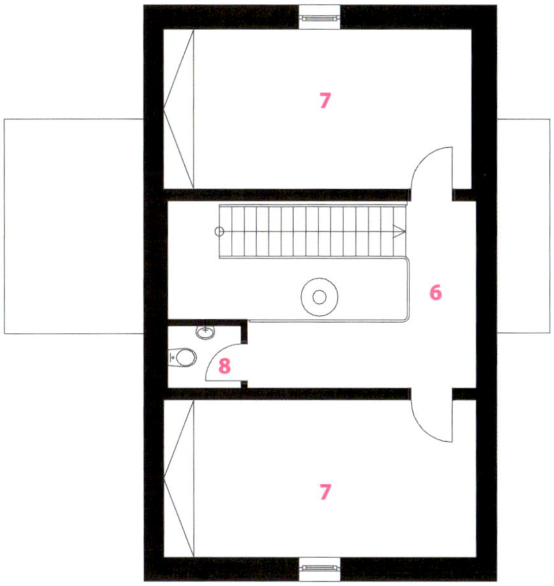

底楼平面图

1. 玄关
2. 客厅
3. 露台
4. 浴室，卫生间
5. 储藏室

二楼平面图

6. 走廊和画廊
7. 卧室
8. 卫生间

除了壁炉，几乎整栋房子都是由当地的公司和承包商建造的。该项目中的大部分家具都是度身定制的。整栋房子从开工到安装基础设施共用了三个半月。

完成了室内设计后，在建造过程中，还要考虑尽量节省人力和运输成本。

acaa / Kazuhiko Kishimoto

M住宅

日本，神奈川县，茅崎市

摄影：上田希罗希

岸本一彦认为，要在设计中加入有地方特色的细节和设计，同时，在不受主流风格影响的情况下从中汲取设计灵感。这样才会达到惊人的效果。房子乍一看很传统，但是进一步了解之后便会发现更多独特的细节。M住宅位于日本神奈川县茅崎市的居民区中。

对于建筑师来说，最初遇到的困难是，在住宅小区中，房子之间的栋间距很小，这也就意味着如果设计的房子是传统的样式，那么通风和光照条件都将受到影响。建筑师从几个方面来解决这个问题。首先，设计师要确保外墙与其他住宅之间保持尽可能大的距离；其次，建筑师选择将房子建在场地的中央；最后，再根据室内所需容量来确定房型布局。

对岸本和他的团队来说，最重要的就是该建筑与别的房子之间的距离并不会是空白的，要让这些空隙看起来就像是被特意设计出来的一样。在设计的早期，他们质疑了日本最普遍的房型布局，因为传统的房子会尽可能靠近场地北边边界，而在场地南边留出更多空间。所以，他们决定将房子建在地皮中央，而不是靠北边。该建筑事务所的宗旨就是要为住宅提供足够的通风，灯光，四面都要在明亮的情况下保证私密性，并且不认为南边比其他任何一面更重要。

在房屋平面图设计过程中，建筑师将主要精力放在扩大一楼建筑面积上，因为这样能够避免过度拥挤，住在紧凑的房子中常会有这种感觉。通常，室内空间大小取决于外墙。然而在这个项目中，建筑师认为有必要将室内面积扩大，他通过移除一楼外墙的方式来消除拥挤的感觉，在室外种植树木并增加一个木制甲板。这样，底楼的空间就会一直延伸到木制甲板上。在室内和室外都能晒到太阳，感受海风的轻抚。

建筑企划：
acaa/岸本一彦
设计师：
岸本一彦
场地面积：
100平方米 (1076平方英尺)
占地面积：
67平方米 (721平方英尺)

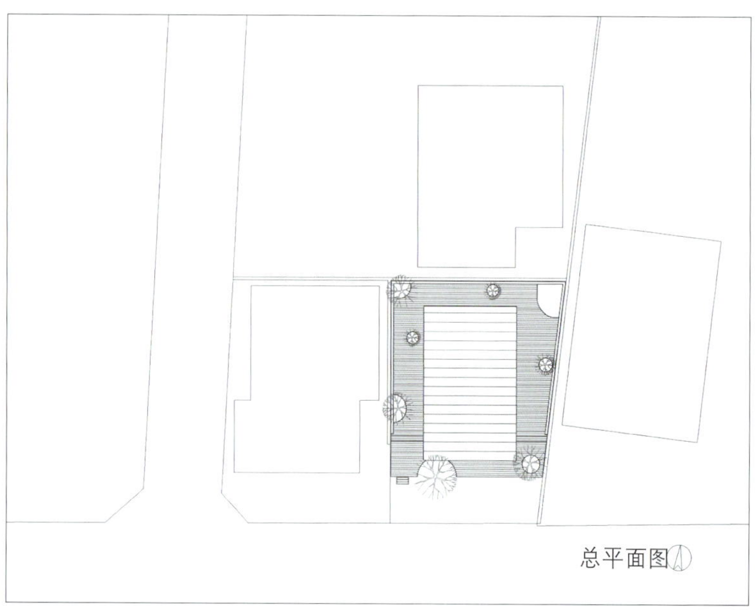
总平面图

一楼的木制甲板环绕房子一周，为住户提供了一片能够享受阳光和新鲜空气的室外空间。

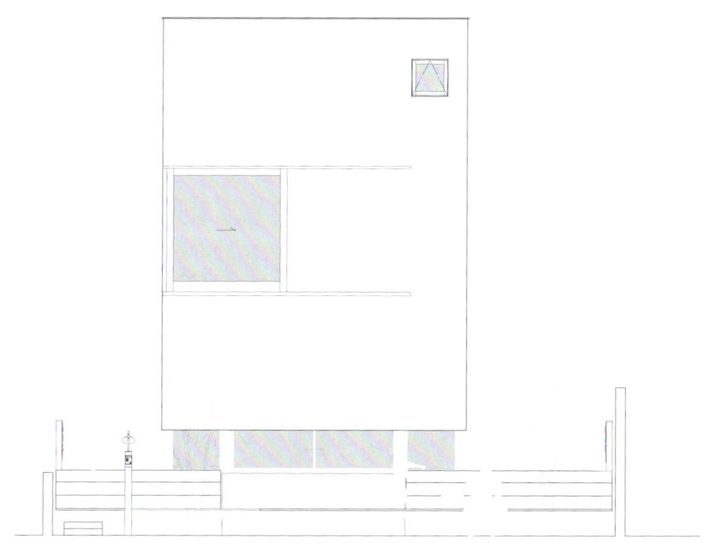
南立面图

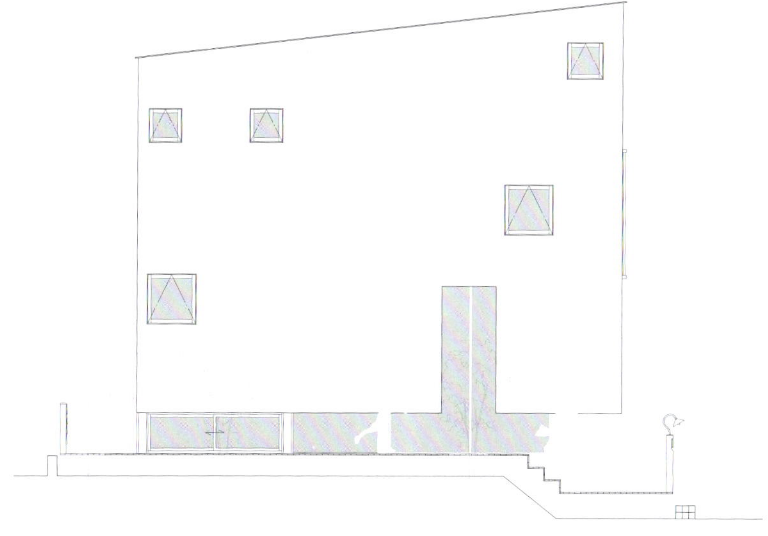
西立面图

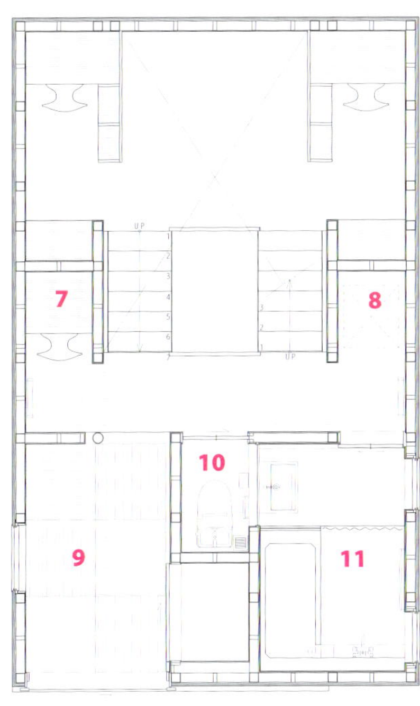

三楼平面图

1. 木制甲板
2. 空间一
3. 厨房
4. 空间二
5. 空间三
6. 书房
7. 个人电脑房
8. 洗衣机
9. 空间四（榻榻米）
10. 卫生间
11. 浴室
12. 阁楼一（卧室）
13. 阁楼二

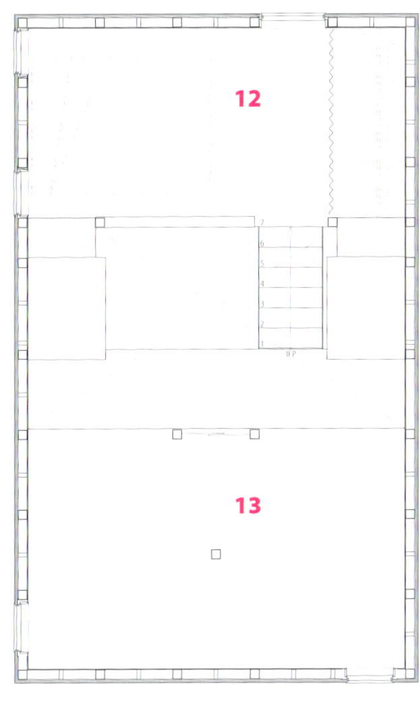

四楼平面图

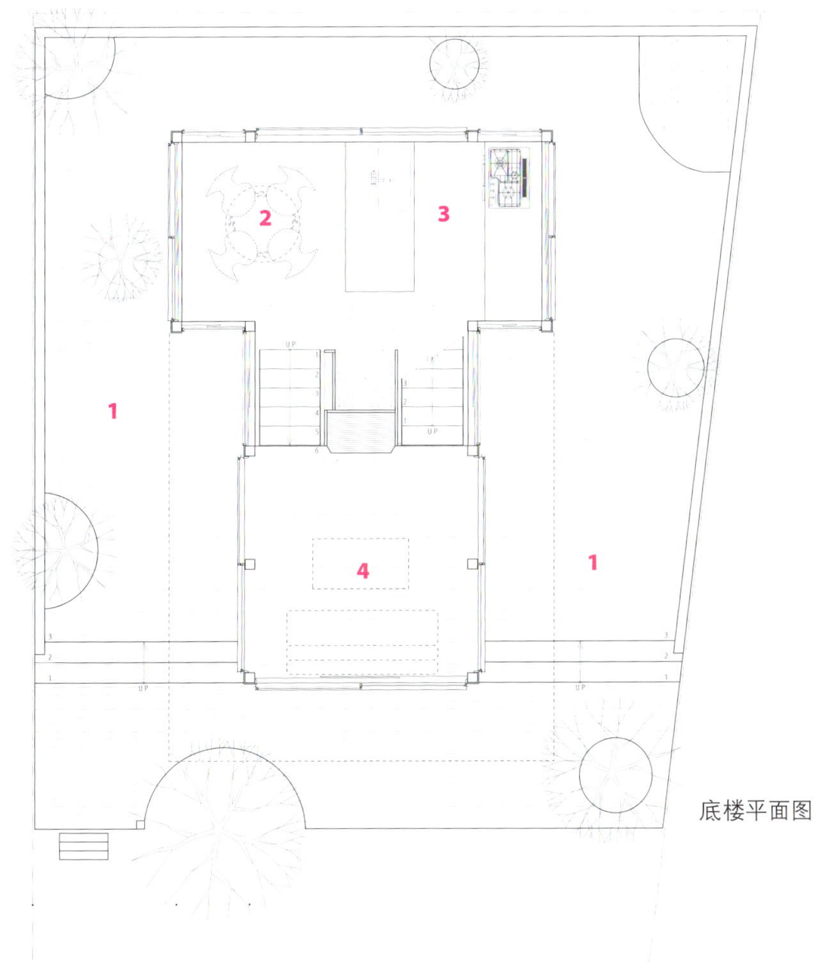

底楼平面图

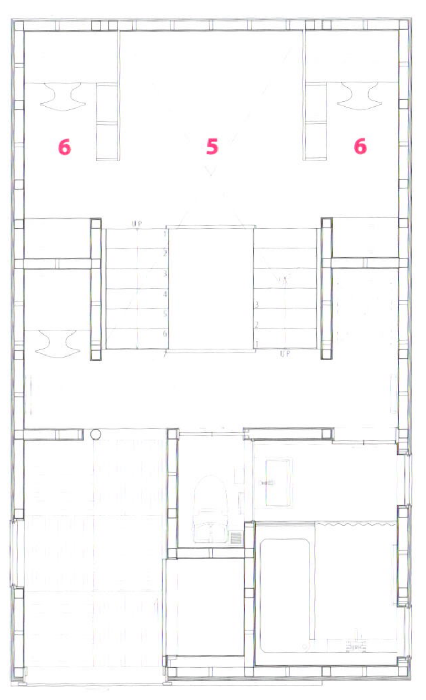

二楼平面图

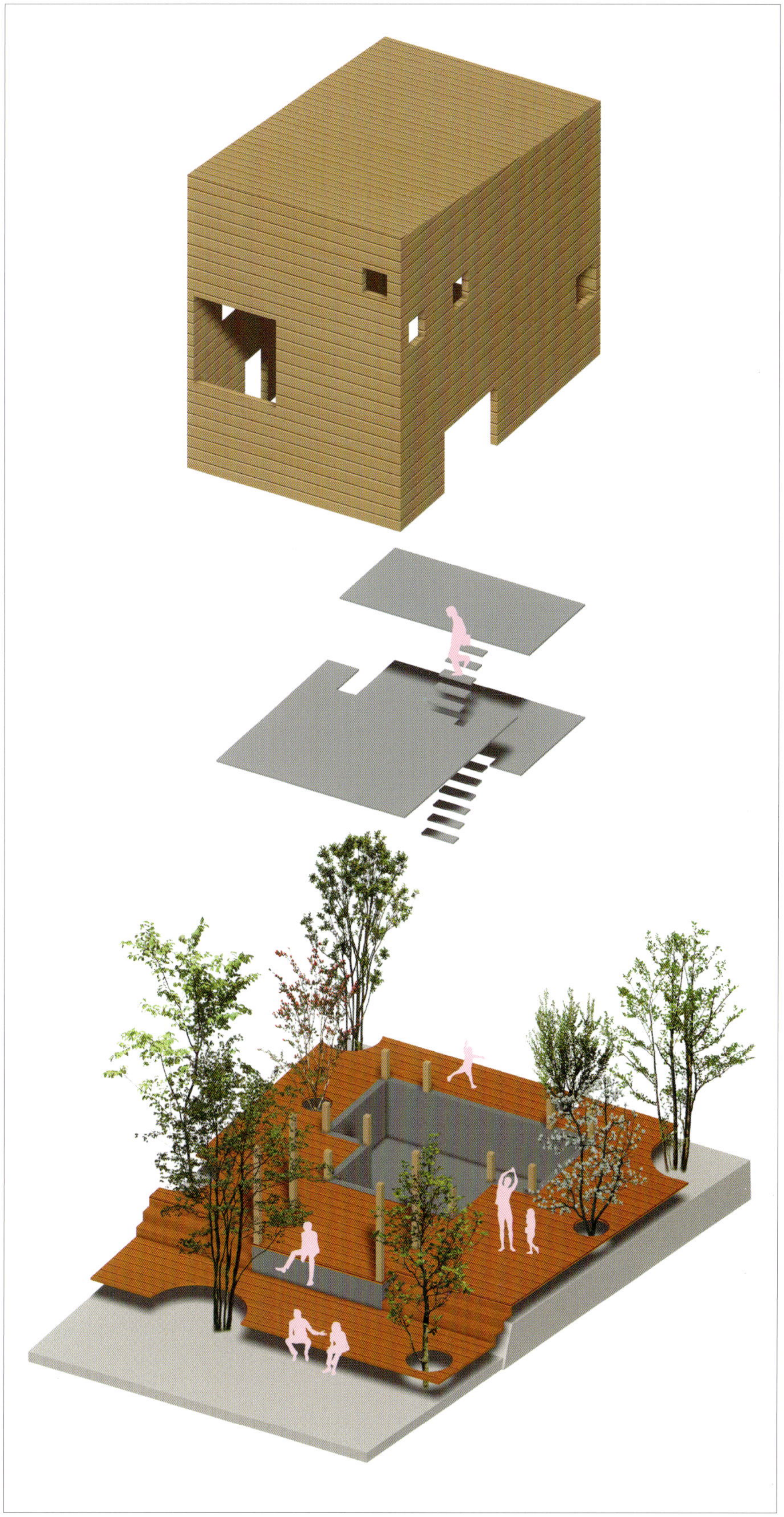

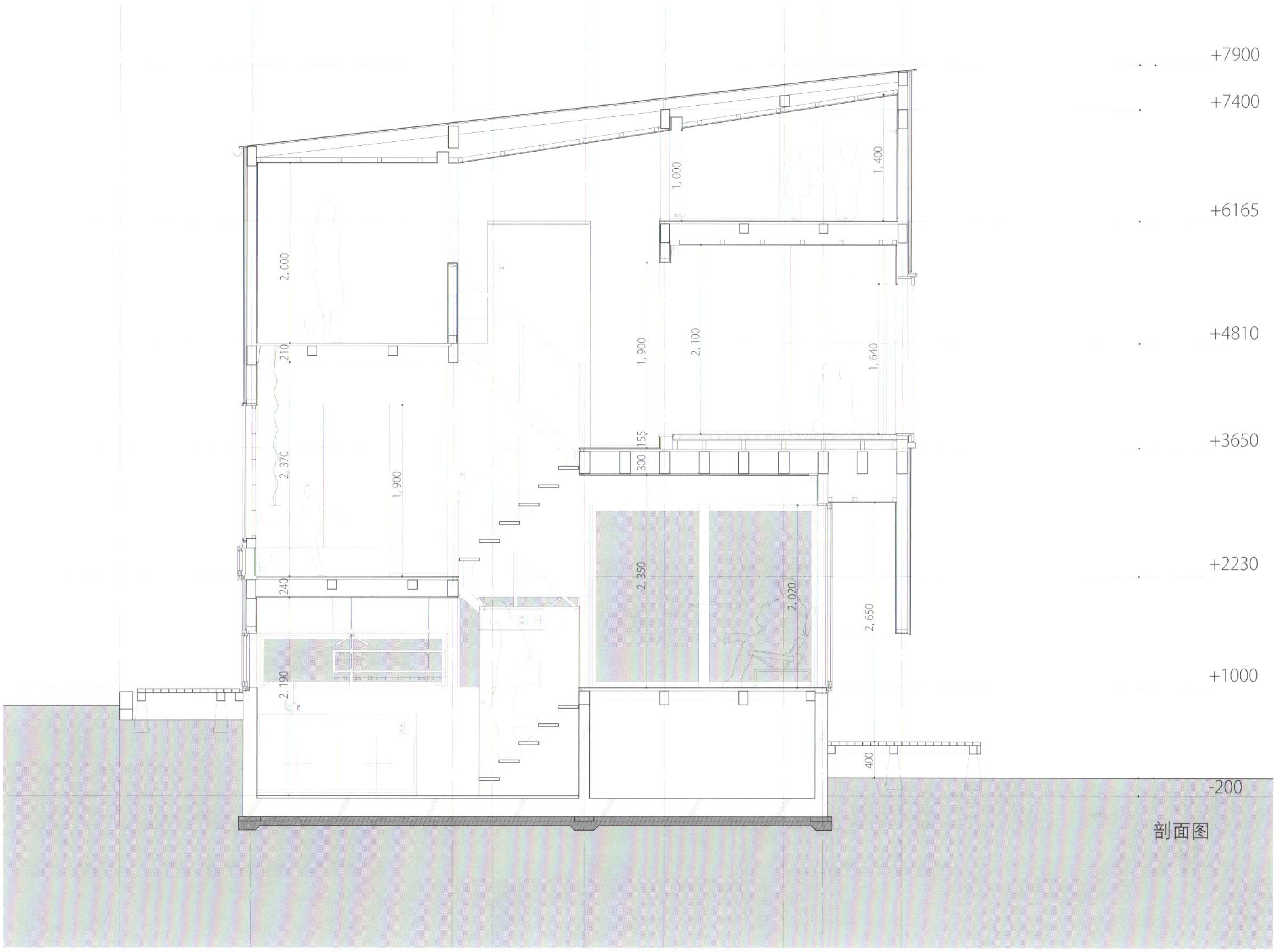

剖面图

Tank Architectes

气流住宅

法国，Bersée

摄影：Tank建筑事务所

该房屋建在村庄边缘一块倾斜而狭小的场地上。由于当地对建筑师如何安排室内的布局监管严格，所以这栋房子是有史以来第一个，也是最艰难的项目。为了避免房子可能给人带来的狭窄而过长的感觉，Tank建筑师将房屋切分为三部分，每一部分都在不同的水平面，这个想法充分利用了自然的斜坡地势，也避免了重新搭建一个水平面的麻烦，省时省力也省成本。

房子的第一部分和门前的道路是在同一平面的，主要走廊、洗衣房、游戏房、车库、地窖以及地热能设备全都在这一层。第二层比第一层高出80厘米 (31.5英寸)，从这一层能够看到北面、东面和西面的风景。这一层主要是朋友聚会的地方，有客厅、厨房和餐厅。露天夹板距离地面几英尺，在夏季，也可以和朋友们一起在这里露餐。第三层在第一层上方，包括了卧室和浴室等较私密的房间。主卧在一层车库的上方又延伸出去好几米，看上去就像是个舞台。卧室的顶部以及侧面的墙体比卧室的落地窗前伸得更多，形成了一块小阳台。阳台似乎与房子的其他两层是隔绝的，父母可以在这块安静的地方享受二人世界。

这样的布局设计符合了客户最初的要求，即希望卧室能够在同一层里。三层房间在露天庭院交会，庭院就像是整栋房子的枢纽，能够从任何房间通向想去的房间。庭院正好位于生活区域、主要走道和房间的中央，这里也可以当作室外的活动区域，不受风吹日晒的影响。

建筑企划：
Tank 建筑事务所
主建筑师：
Olivier Camus & Lydéric Veauvy
占地面积：
280平方米 (3014平方英尺)

Tank建筑师将房屋切分为三部分，每一部分都在不同的水平面，这个想法充分利用了自然的斜坡地势，也避免了重新搭建一个水平面的麻烦，省时省力也省成本。

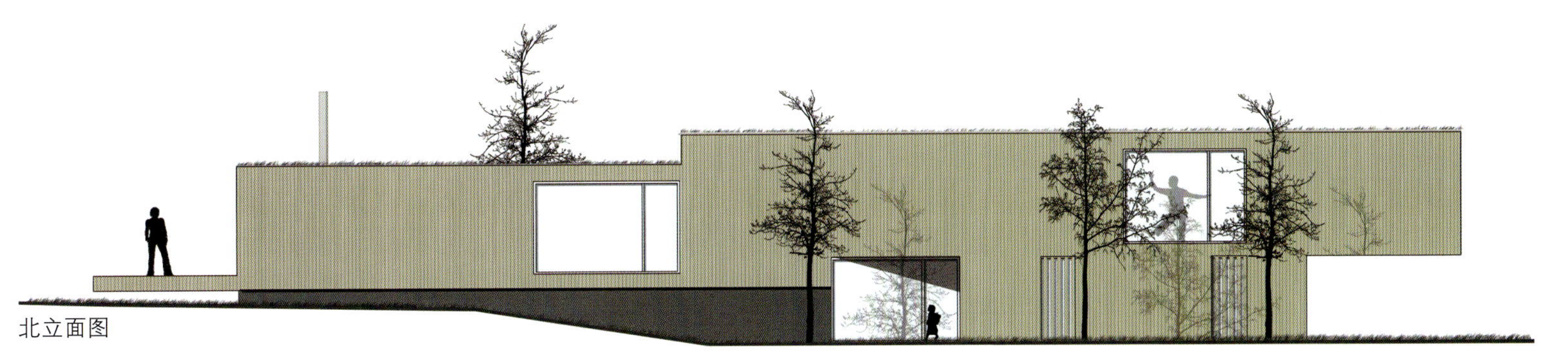
北立面图

南立面图

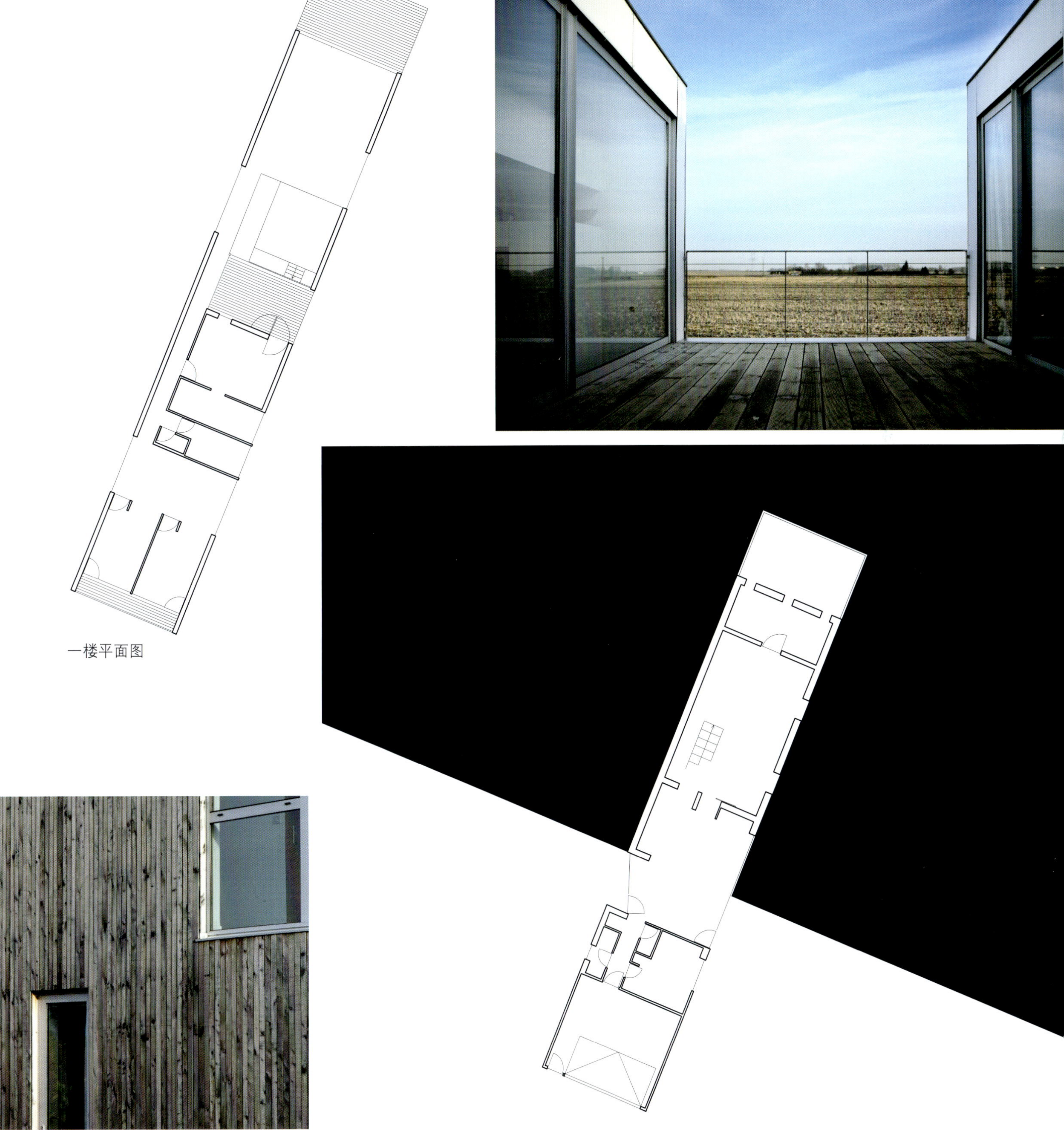

一楼平面图

底楼平面图

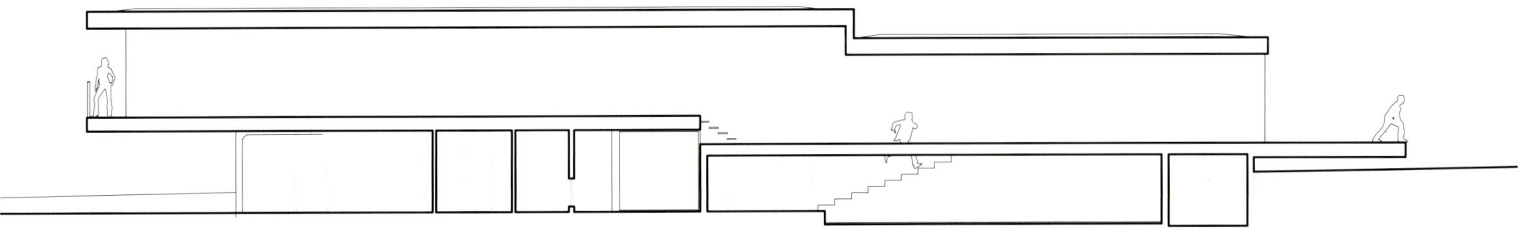

纵剖面图

从侧面看去，房子的结构是对称的，南边的主卧架在车库上方，而北边客厅的夹板也向外延伸，俯视着花园。

k_m architektur

瓦伦湖上的房子

瑞士，瓦伦湖畔

摄影：K_M建筑事务所

这栋两层楼的建筑位于瑞士的偏远地区，居高临下面朝瓦伦湖畔和对面陡峭的Churfirsten山峦。房子修建在湖边小山坡的一块钢板上，向湖边探出头去，像是悬挂在陡坡的上空。不仅是房屋的结构与地面建立起了联系，连房屋的材料也使用了木材。木屋在靠山的一端是封闭的，而在西面和北面几乎完全敞开。对着湖和山峦的一面，上下两层都采用了落地窗玻璃。二层的南边下方就是私用车道，向外伸出的屋顶下方是车位、储藏间和房屋入口。

二楼的公共区域包括厨房、餐厅和客厅，中央是一架木制壁炉，为整栋房子供应暖气。还有一间卧室、浴室，以及储藏室，与厨房隔开。客厅是二楼的主要用途，也是朋友聚会的好地方。在二楼的两面延伸着长长的阳台，上面有屋顶覆盖，这一设计使得房间看起来更大，它也成了室内与室外之间的过渡，令人不禁有一种想出去看看的冲动。一楼的办公室和配有浴室的卧室是供客户使用的。

三面落地玻璃窗将室外的冷气隔绝在外，一台木制壁炉暖气便足够整栋木屋使用，通透明亮的玻璃也是室内与室外之间一道无形的屏障。玻璃窗的一边是明亮而温馨的房间，另一边是秀丽的自然景观。木屋中使用的木材 (包括屋子、外墙面、窗框和地板) 都是用落叶松木制成的，并在处理过程中保留了木材原始的外表。所有房间的设施都从简，在建筑中注入环保低耗的理念，将室内与室外的自然风景融为一体。

建筑企划：
K_M建筑事务所
场地面积：
690平方米 (7427平方英尺)
占地面积：
140平方米 (1507平方英尺)

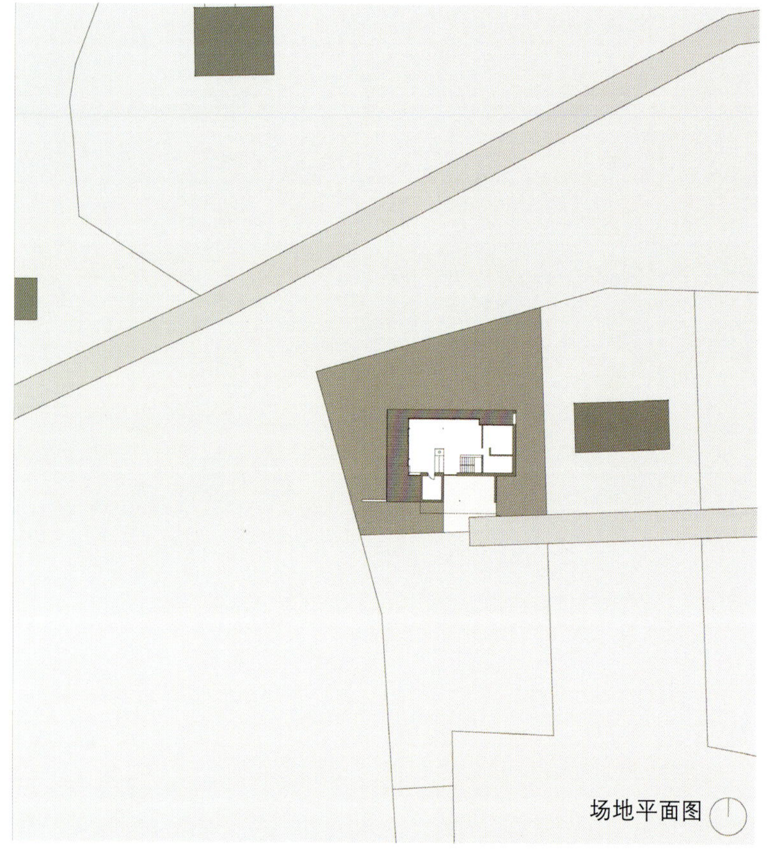

场地平面图

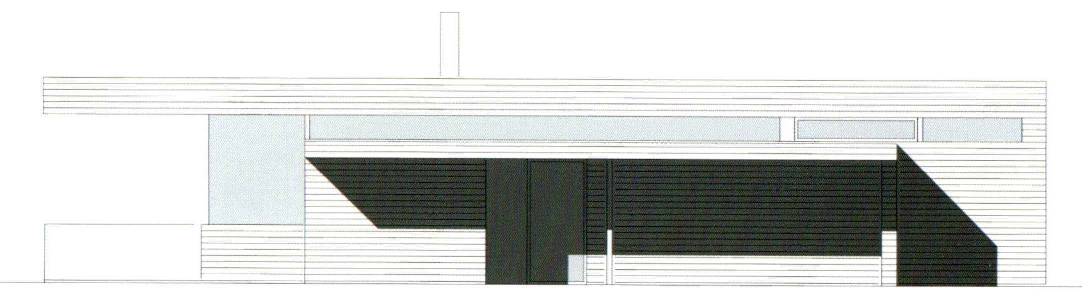

南面外观

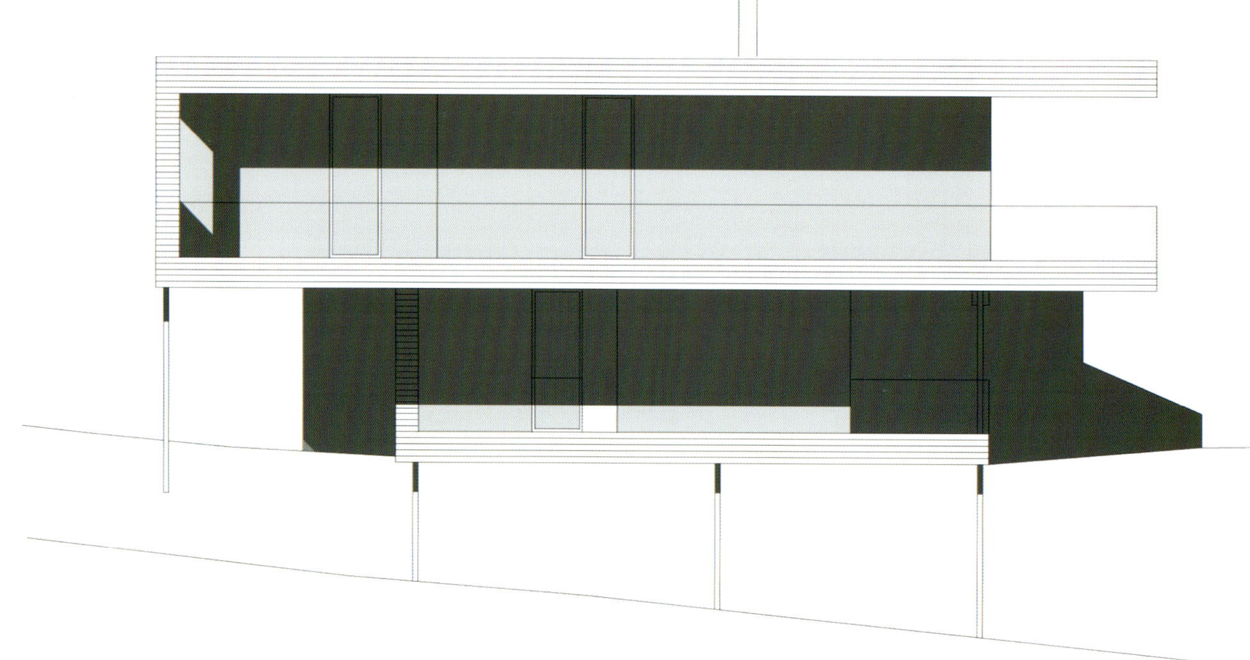

北面外观

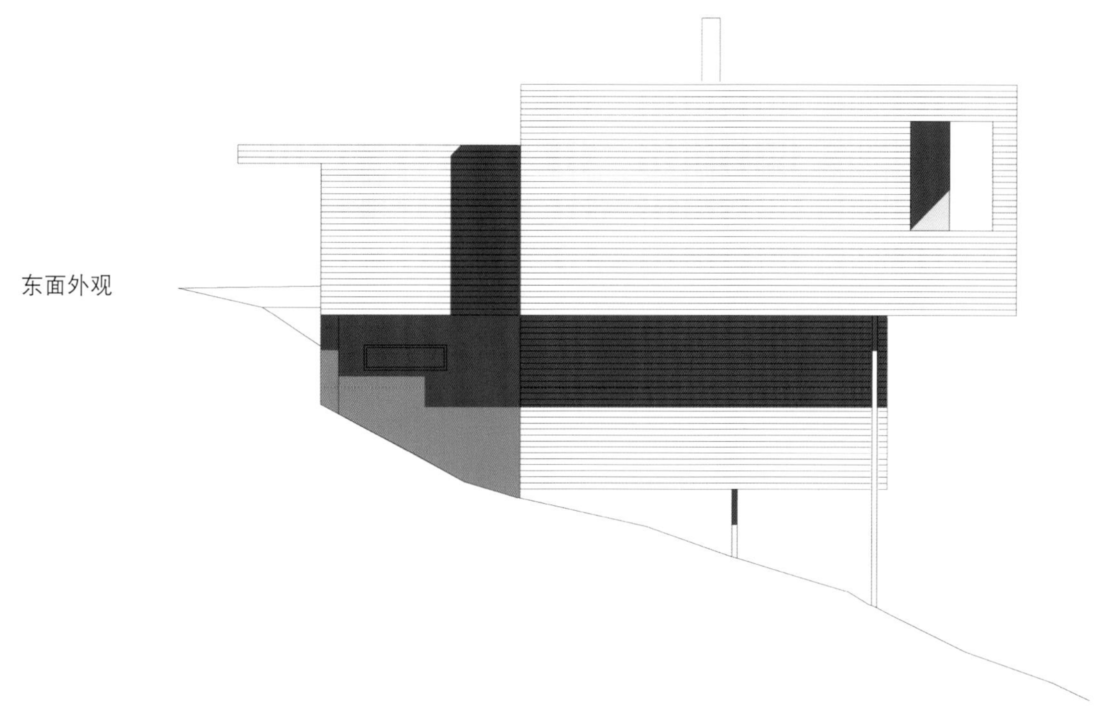

东面外观

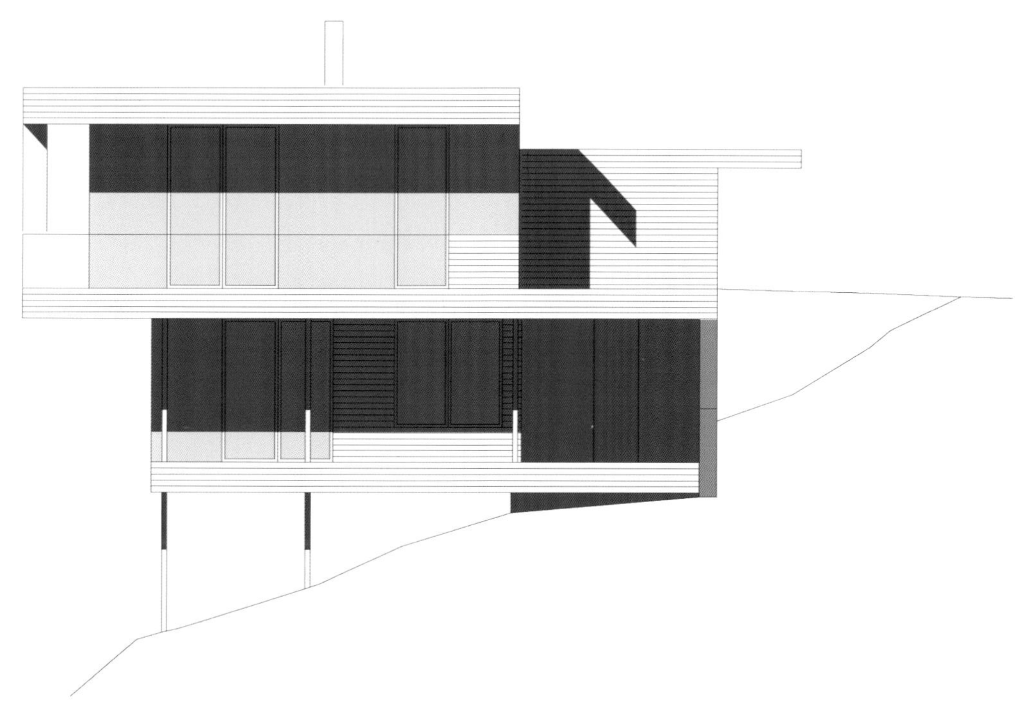

西面外观

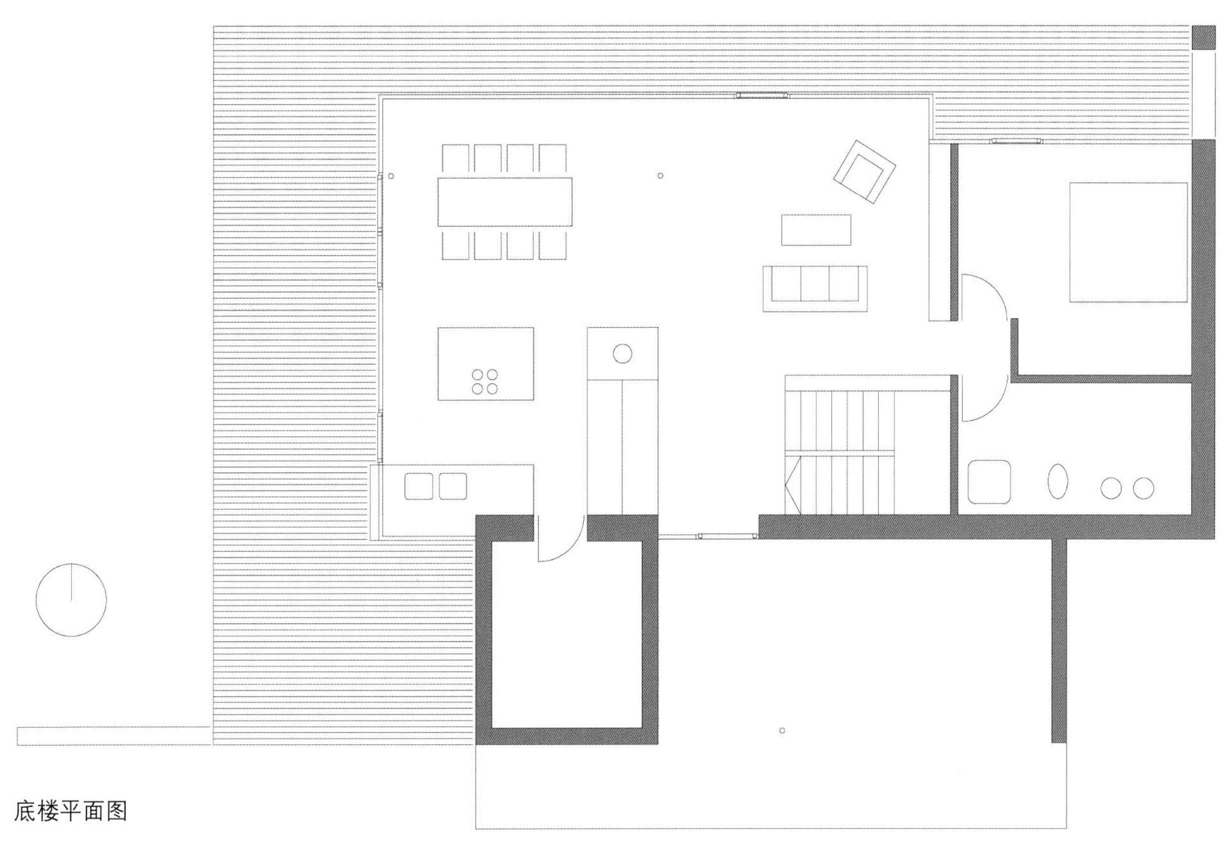
底楼平面图

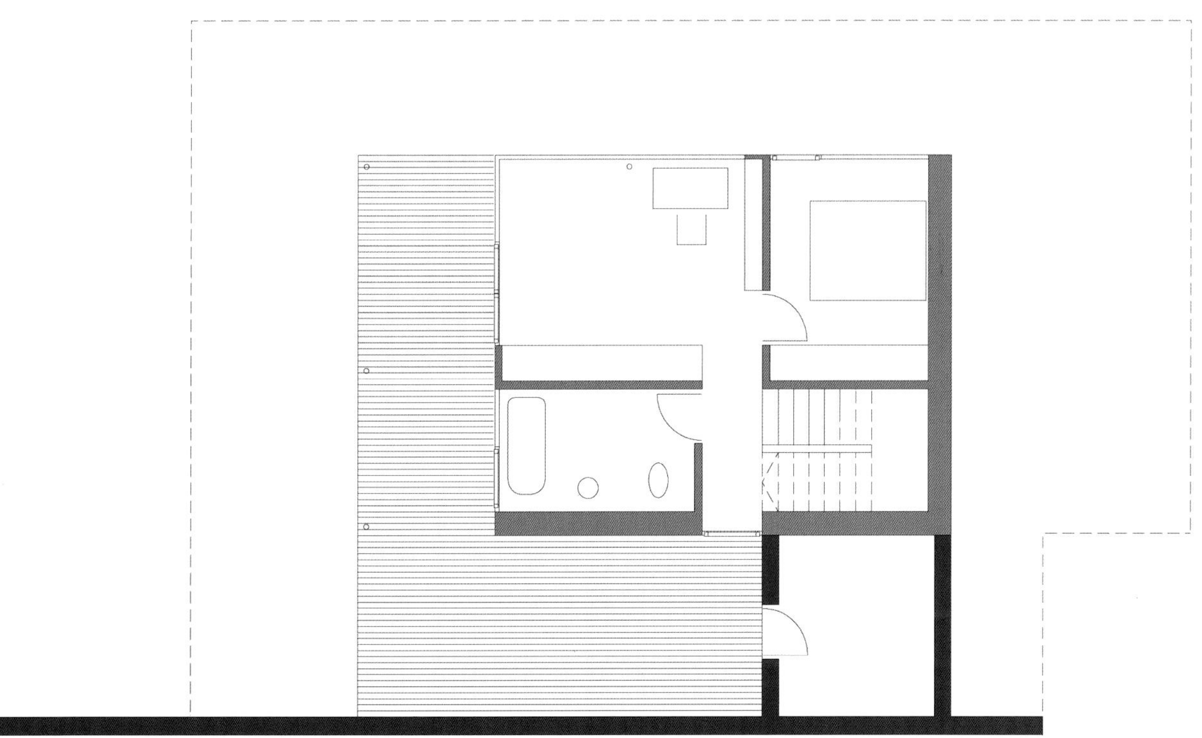
一楼平面图

在二楼的两面延伸着长长的阳台，上面有屋顶覆盖，这一设计使得房间看起来更大，它也成了室内与室外之间的过渡，令人不禁有一种想出去看看的冲动。

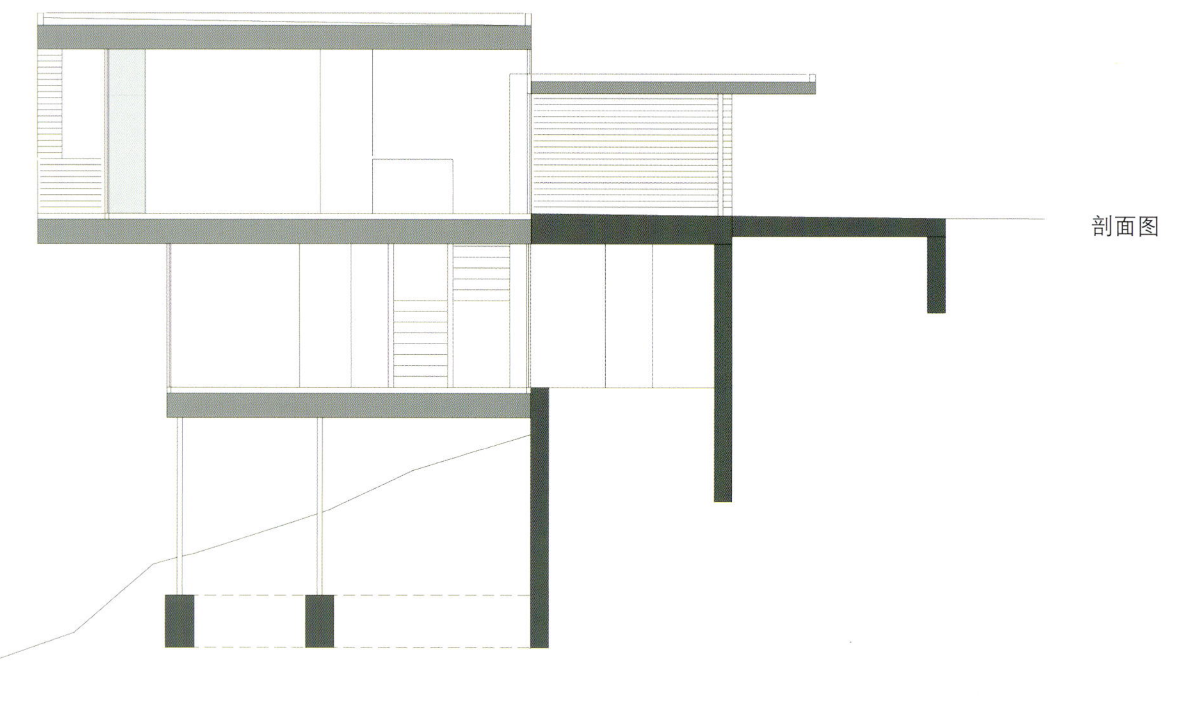

剖面图

k_m architektur

卢斯特瑙之屋

奥地利，福拉尔贝格州

摄影：K_M建筑事务所

这栋两层楼的木屋位于一块1134平方米的场地上，种有果树，一家四口在这里生活。房子有上下两层东西向的楼面，两层楼面并不是重叠的，而是交叉相叠，所以上层楼面有一部分是悬在半空中的。

楼下的大车库正对着私车道，旁边是工具间和车间。沿着车库和车间的北边，一条有雨棚的小路通向屋子入口，两边没有扶手。玄关处摆放着一面大衣橱，面对着通向二楼的楼梯。向里走，来到一片开阔的客厅，在那里既能烹饪、就餐，也能休息。两边的落地玻璃窗外围绕着草坪，为室内带来开阔的视野。楼上悬空的部分正好为楼下遮荫，挡住了夏季强烈的日晒。冬天，日照很少。车库旁一条通向厨房的过道里是储藏碗柜和可淋浴的客用卫浴间。一条明亮的走道通向二楼的办公室和孩子的卧室，浴室和客房。这些房间都朝南，透过落地窗，室外的风景一览无遗。主卧和附带的更衣室朝东，落地窗外是一棵老苹果树。外墙使用的是未经处理的冷杉木，所以时不时地须涂抹铜绿氧化表层。室内墙面用的是防磨损及损伤的橡树材料。房子的设计过程中，设计师考虑了材料的耐久性，并慎重选择了节能环保材料，比如太阳能热水器，地热能电暖器。

建筑企划：
K_M建筑事务所
场地面积：
1134平方米 (12206平方英尺)
占地面积：
165平方米 (1776平方英尺)

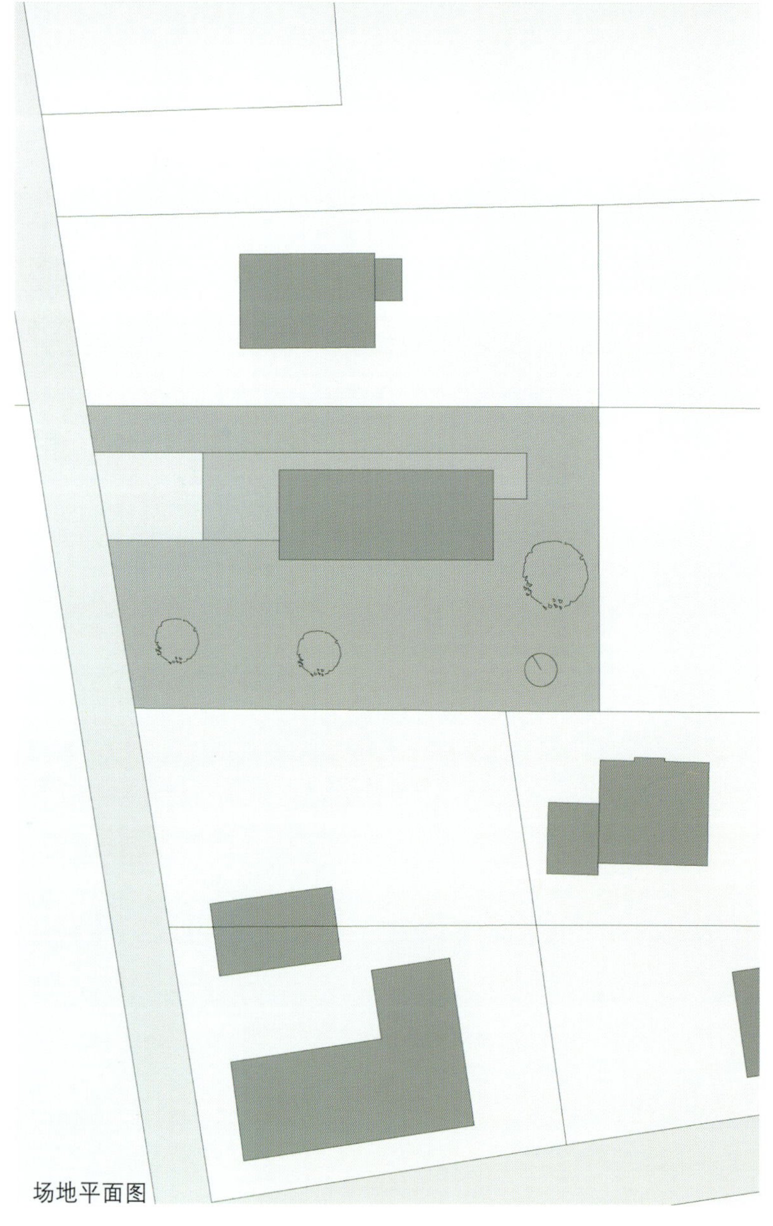
场地平面图

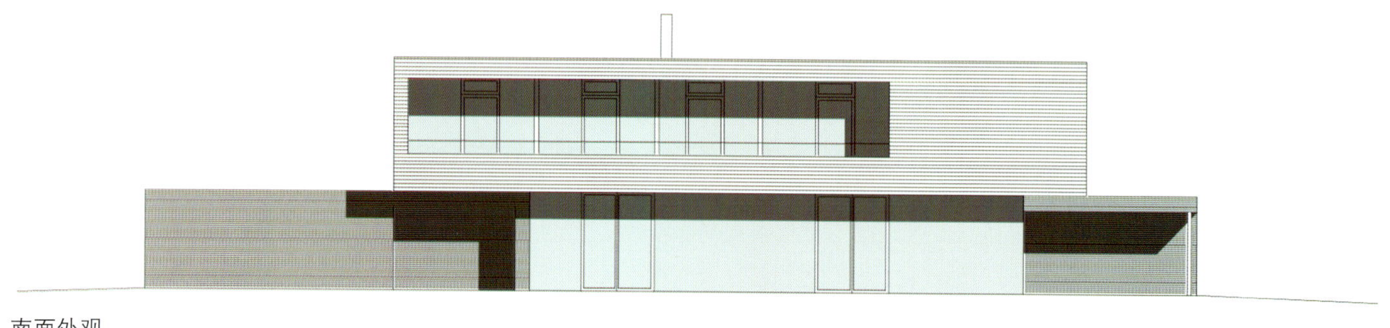
南面外观

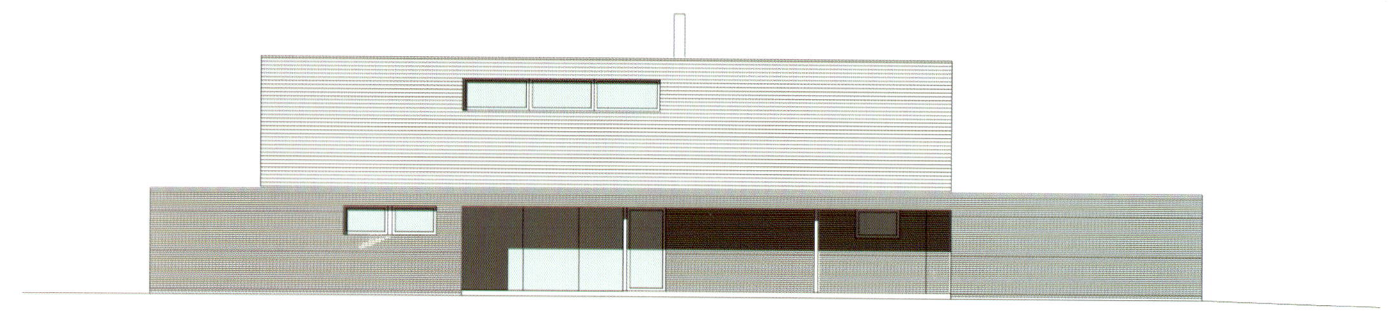
北面外观

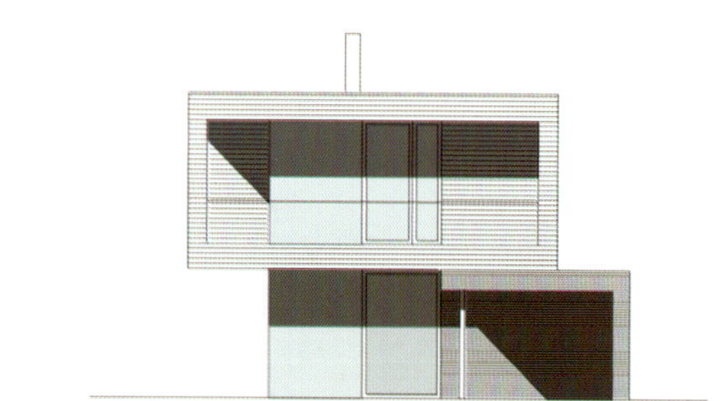
东面外观

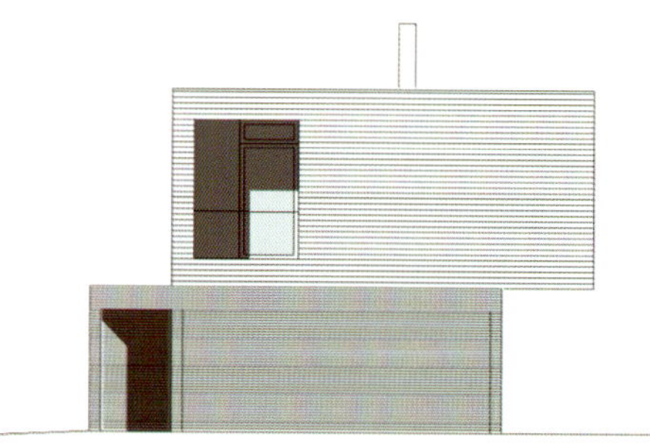
西面外观

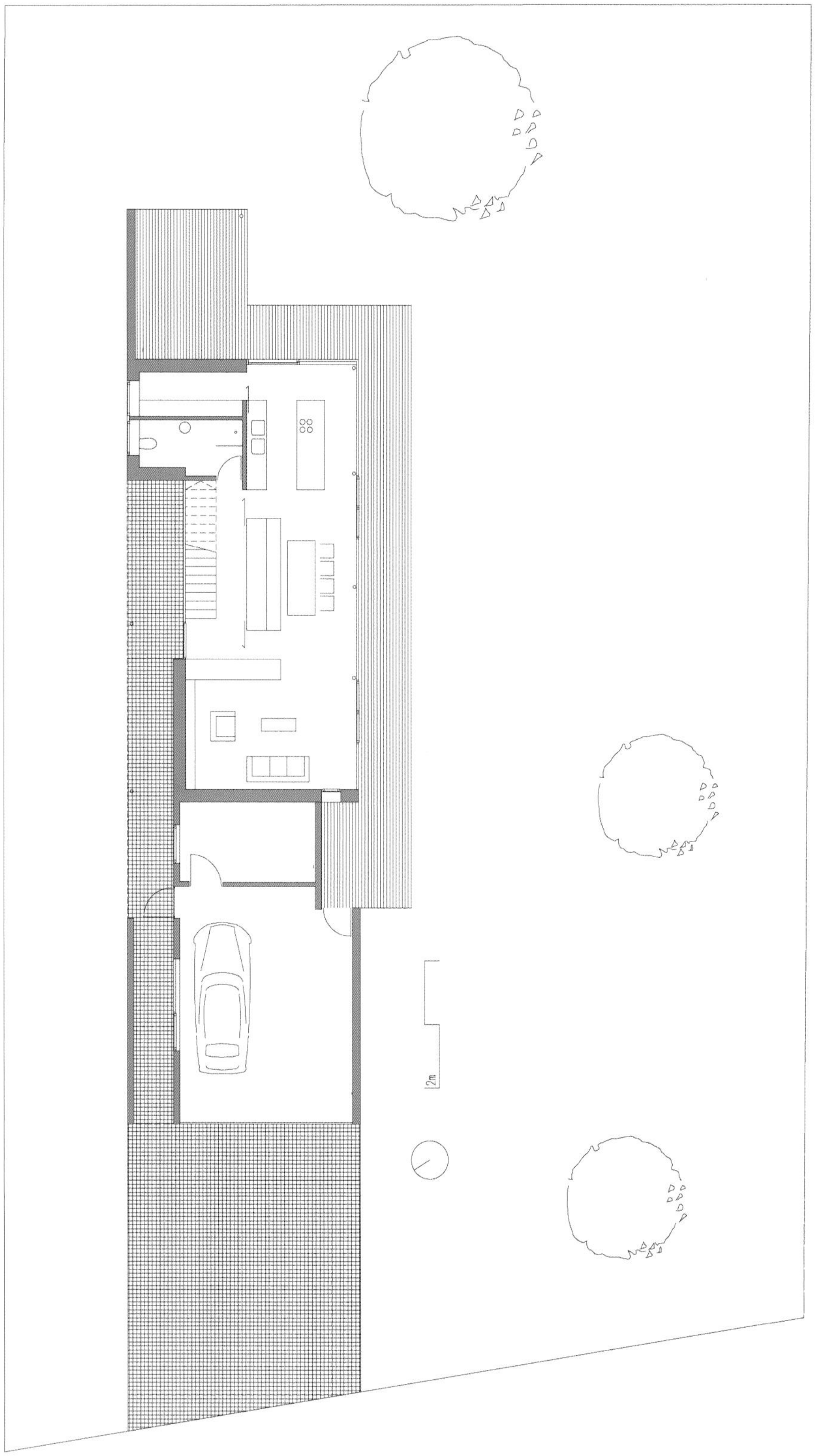

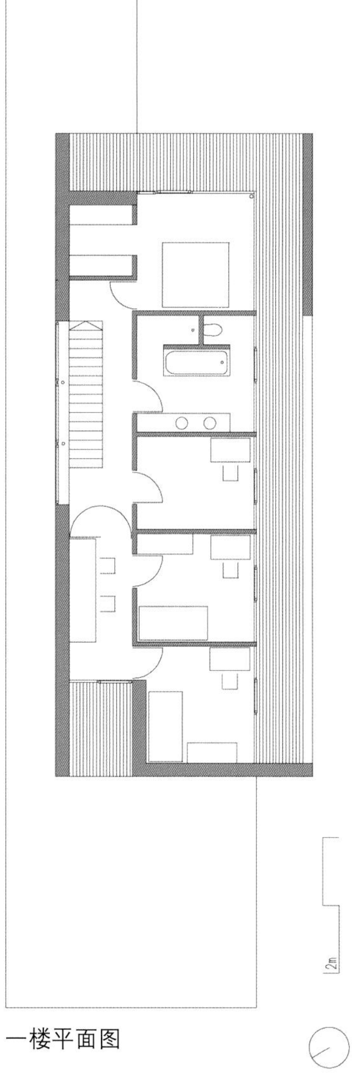

一楼平面图

底楼平面图

向里走，来到一片开阔的客厅，在那里既能烹饪、就餐，也能休息。两边的落地玻璃窗外围绕着草坪，为室内带来开阔的视野。

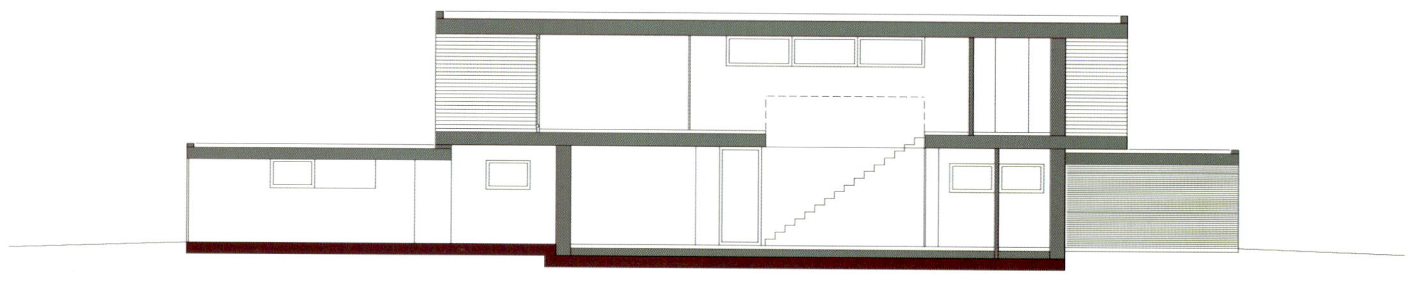

纵剖面图

Tamarkin Co.

Shelter Island

美国，纽约州，长岛市

摄影：塔玛金公司

一幢简约的木屋坐落在Shelter Island的山丘上，这是一座260平方米 (2800平方英尺) 的质朴的建筑：一家四口的周末小憩之所。小屋静静地栖落在自然地势之上，凭借优越的位置，不仅能够欣赏到西南海岸优美的海景，还能享受阵阵微风的吹拂，沉醉于那美得令人窒息的日落。受到传统日式建筑的启发，小屋的屋内支柱以及横梁施工都十分精良。屋外，有一条半开放式的通风廊分隔开了卧室与起居区域，营造出了一种轻松休闲的假日气息。

小屋主要由百年桧木建造而成，配备了Hope牌钢结构窗户 (全球闻名的钢制家具生产商)，铺设了辐射控温抛光混凝土地板。小屋的景致与周围的自然风光合而为一，恰似偶然坠落山丘的点缀。房屋内部十分宽敞，还十分体贴地按照主人的爱好设计了内嵌式家具和细木家具。

总部位于纽约的塔玛金公司建筑工作室，在建造房屋横梁和结构支柱时，始终坚持一系列完善的可持续发展原则，无论房屋内部还是外部的木壁板均采用百年桧木。这些木材都是利用从美国东南部回收来的，以及倒在沼泽或河床中的树木加工而成。房屋完全采用自然通风，一方面让人们享受来自水边的阵阵微风，另一方面达到制冷效果。位于门上方的开敞式的窗户和内置气窗确保了整间屋子的对流通风，让人们免去了安装空调的麻烦。

朝南的门廊上面有一块宽达4米的突出部分，这就使得夏季的骄阳不会过度地炙烤小屋，同时冬天的暖日又能温热混凝土制的地板，使热量辐射回房屋内部。起居区域的落地窗确保了白天的采光，小屋就不需要额外的人造照明了。尽量使房屋的建筑面积最小化以使其对地势的影响也达到最小。悬臂式上层楼板令小屋悬在地面之上。此外，小屋周围种满了本土的抗旱植物，也就无须进行其他的人工浇水了。

建造商：
塔玛金公司
建筑设计师：
Techler Design Group
结构工程师：
Leslie E. Robertson Associates
总承包商：
Wright & Co. Construction, Inc.
园艺设计师：
Edwina von Gal
室内设计：
Suzanne Shaker Inc.

现场平面图

小屋静静地栖落在自然地势之上，凭借优越的位置，不仅能够欣赏到西南海岸优美的海景，还能享受阵阵微风的吹拂，沉醉于那美得令人窒息的日落。

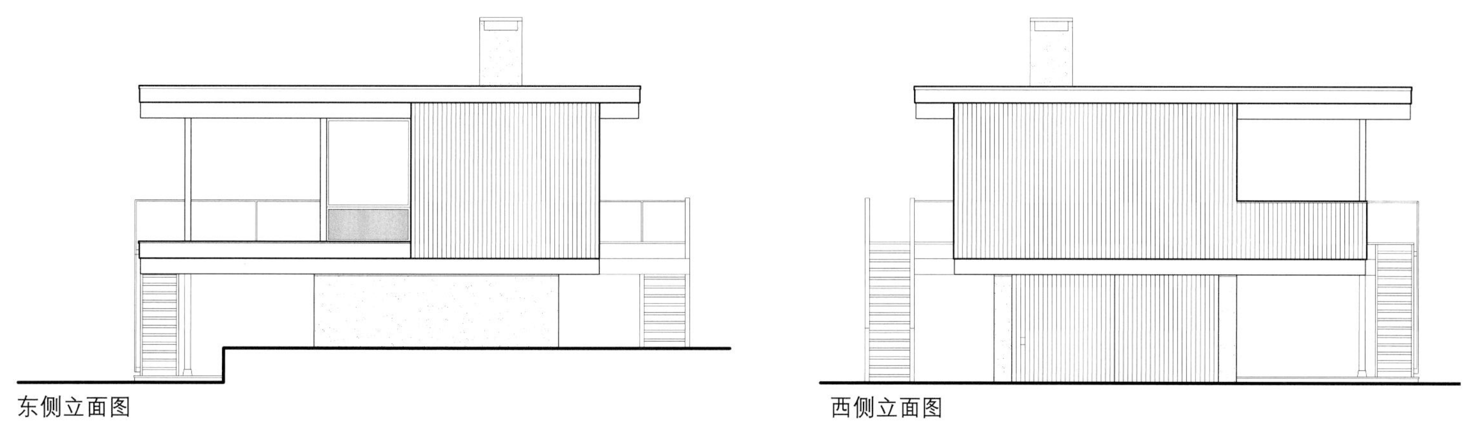

东侧立面图　　西侧立面图

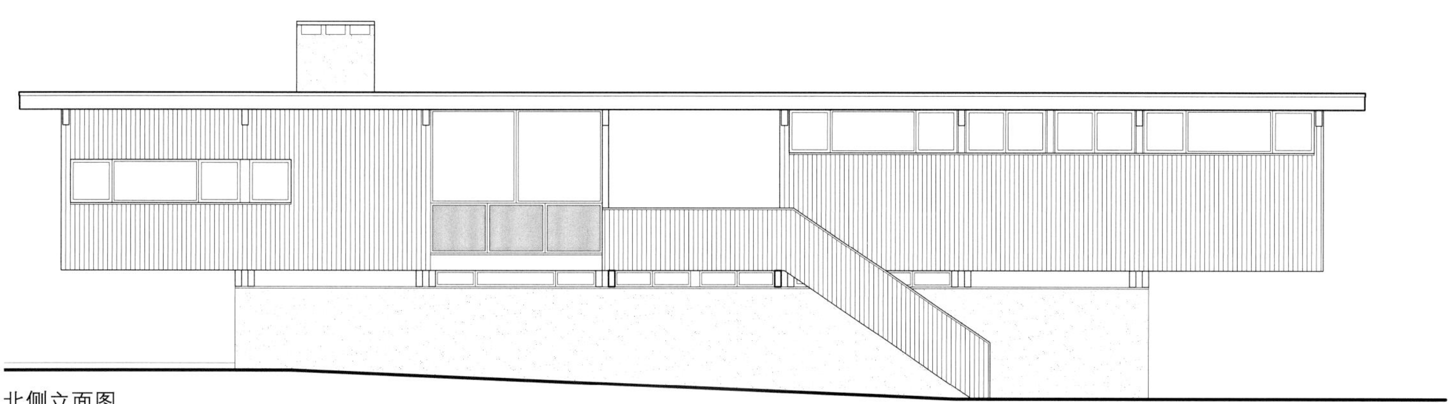

北侧立面图

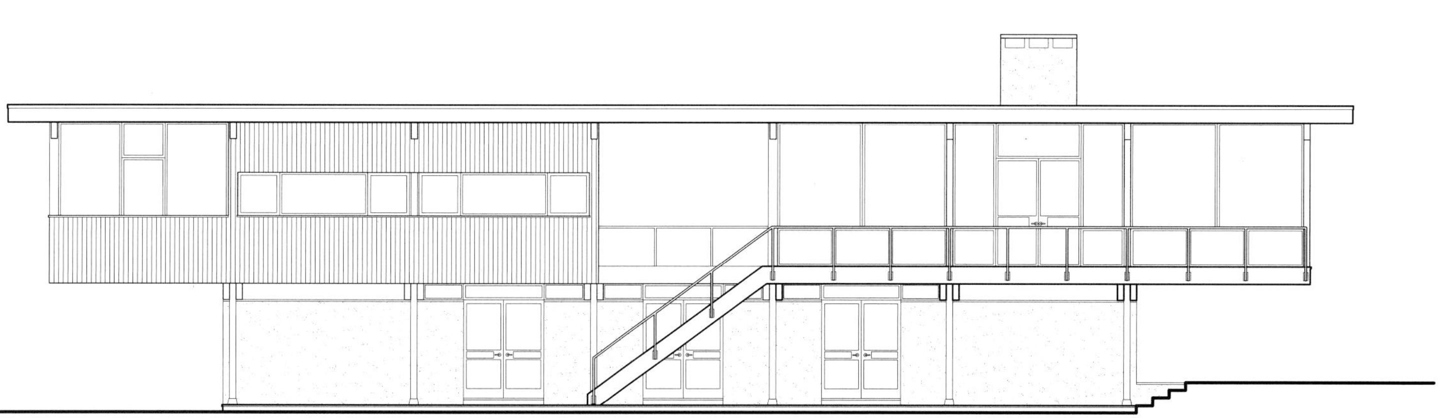

南侧立面图

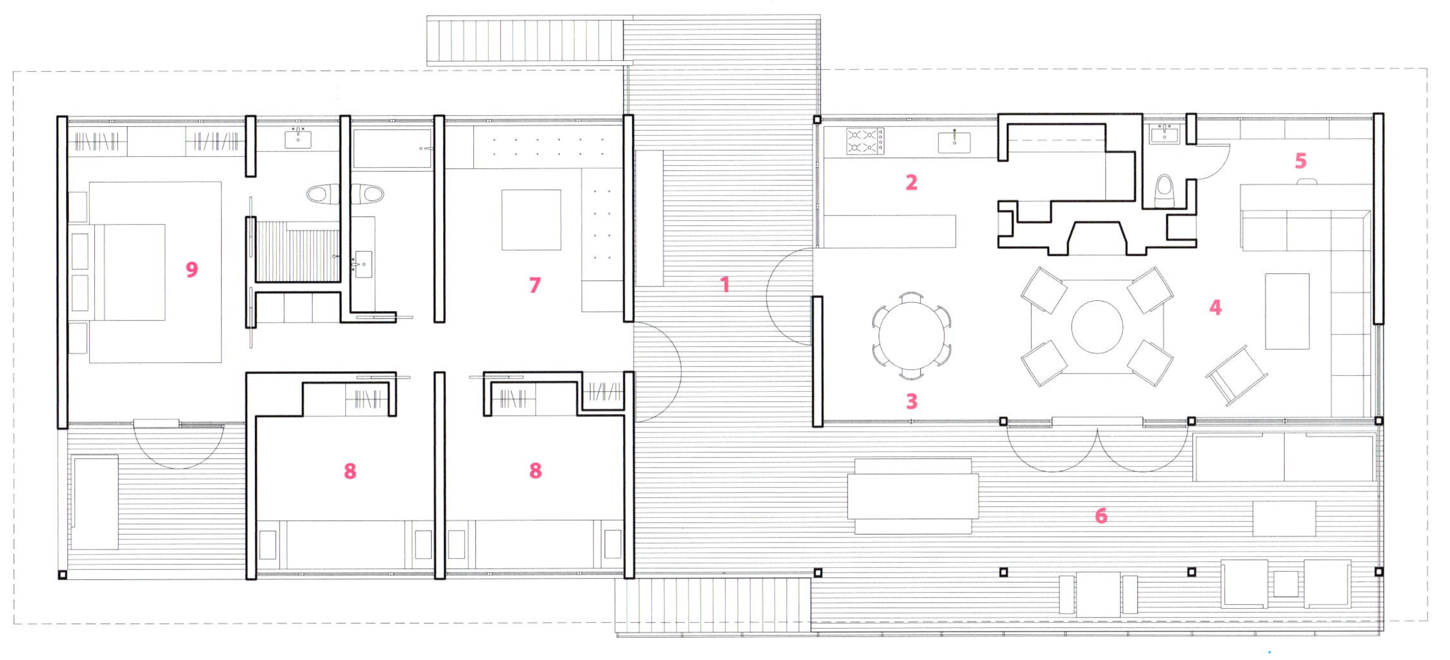

一楼设计图

1. 通风廊
2. 厨房
3. 餐厅
4. 客厅
5. 书房
6. 甲板覆盖区
7. 家庭活动室
8. 卧室
9. 主卧室

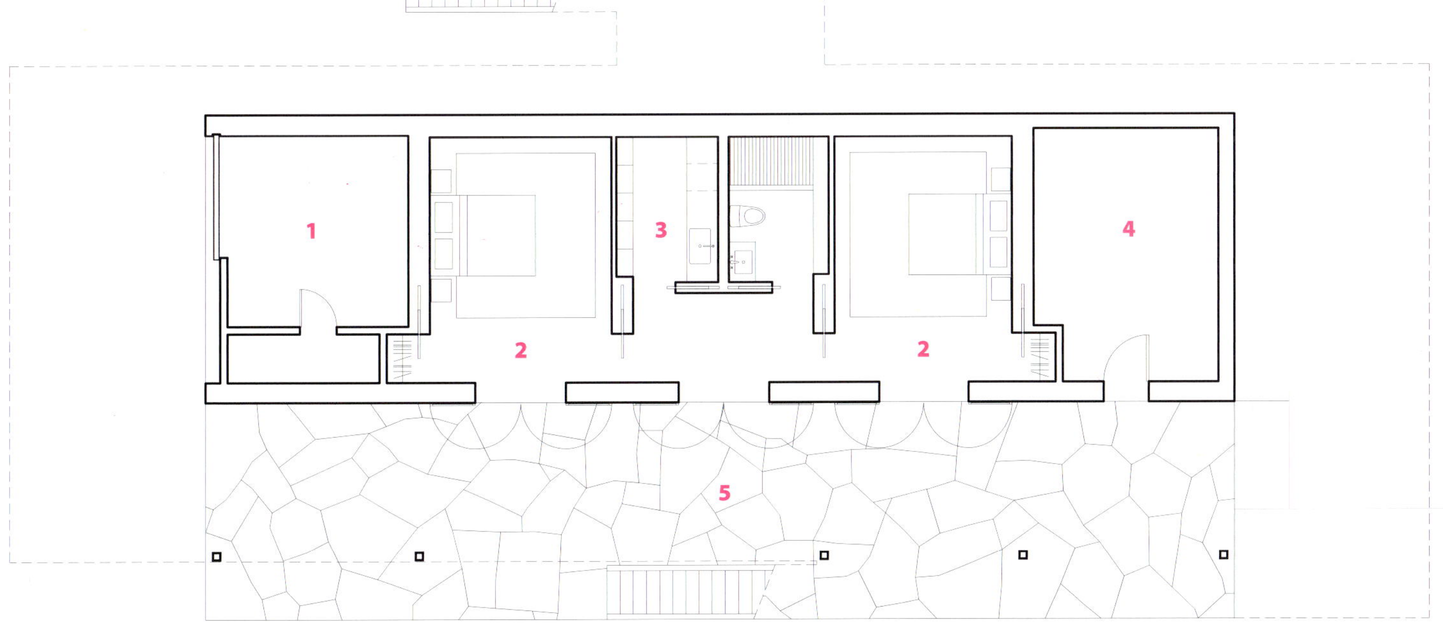

底层设计图

1. 储藏室
2. 客卧
3. 洗衣房
4. 机械储藏室
5. 半开放露台

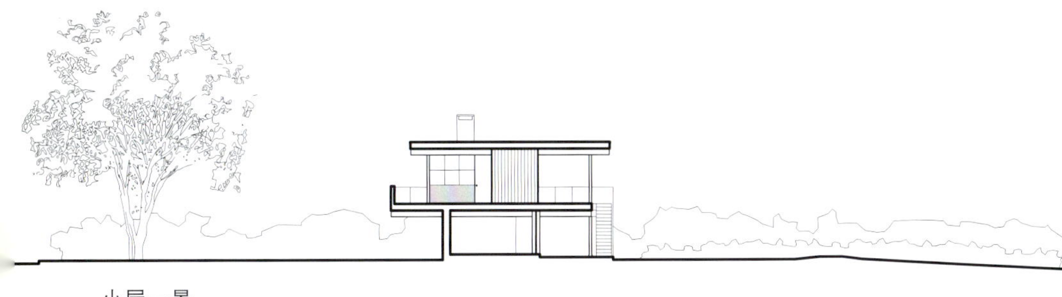

小屋一景

房屋呈矩状，使得整个房子的绝大部分都能面朝大海，浸润在微风和华美的日落之中。

设计师根据可持续发展的原则进行房屋设计。无论房屋内外，都采用了回收来的已倒下的老桧木。

Atelier Viglino

Verdon-sur-Mer的假日之家

法国，Verdon-sur-Mer

摄影：维利诺工作室

建筑风格：
设计师办公室
价格：
欧元100000
主设计师：
Andrea Viglino
底层面积：
47平方米 (506平方英尺)

出生在瑞士的Andrea Viglino是该项目的主要推动力，该项目由总部位于法国波尔多的维利诺工作室负责执行。这座迷人的木屋坐落在位于法国西海岸的Verdon-sur-Mer，毗邻面朝大西洋的吉伦特海湾。这座小小的单层木屋建造在一片大约4150平方米的小块土地的东南角，俯看形为一个边长为7.6米的正方形。

经过精心的排布，透过窗户能从不同角度捕捉到周围的美丽景致。设计师同时也把一天中不同时间段的太阳的位置考虑在内，譬如，使人们在上午能在房间里进行更多的活动，同时利用窗户的位置收集更多的日光。

房屋内一半的内部空间被设计成大型开放式客厅。客厅通过两个半开放式露台一直延伸到户外，这两个露台一个朝南，一个向东。露台和客厅与户外广阔的园子相辅相成，在这里放眼望去，是欣赏附近水域和风景的绝佳视角。木质甲板离地面略微高一些，这样设计，一方面使得观景视角更好，另一方面可以直接与房子相连。几层台阶由露台伸向园子。

卧室位于房屋的南面，通过一间中央大厅，能与客厅和浴室相呼应。2.8 x 2.5米的大百叶窗与卧室的窗子糅合得恰到好处，使得居住者能够调节光线强弱。

房子运用全木结构建造，采用1.5 x 5米的落叶松木木条遮蔽外墙。

木质露台让客厅向南边和西边伸展，同时又形成了一种既能遮蔽骄阳又能阻挡雨露的结构。

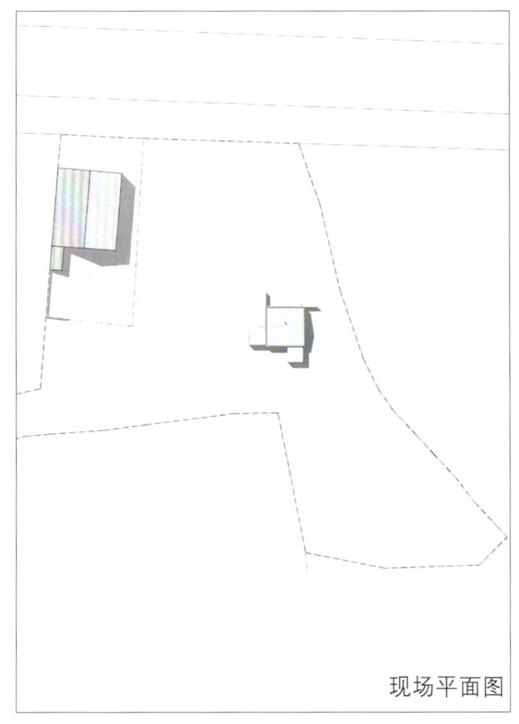

现场平面图

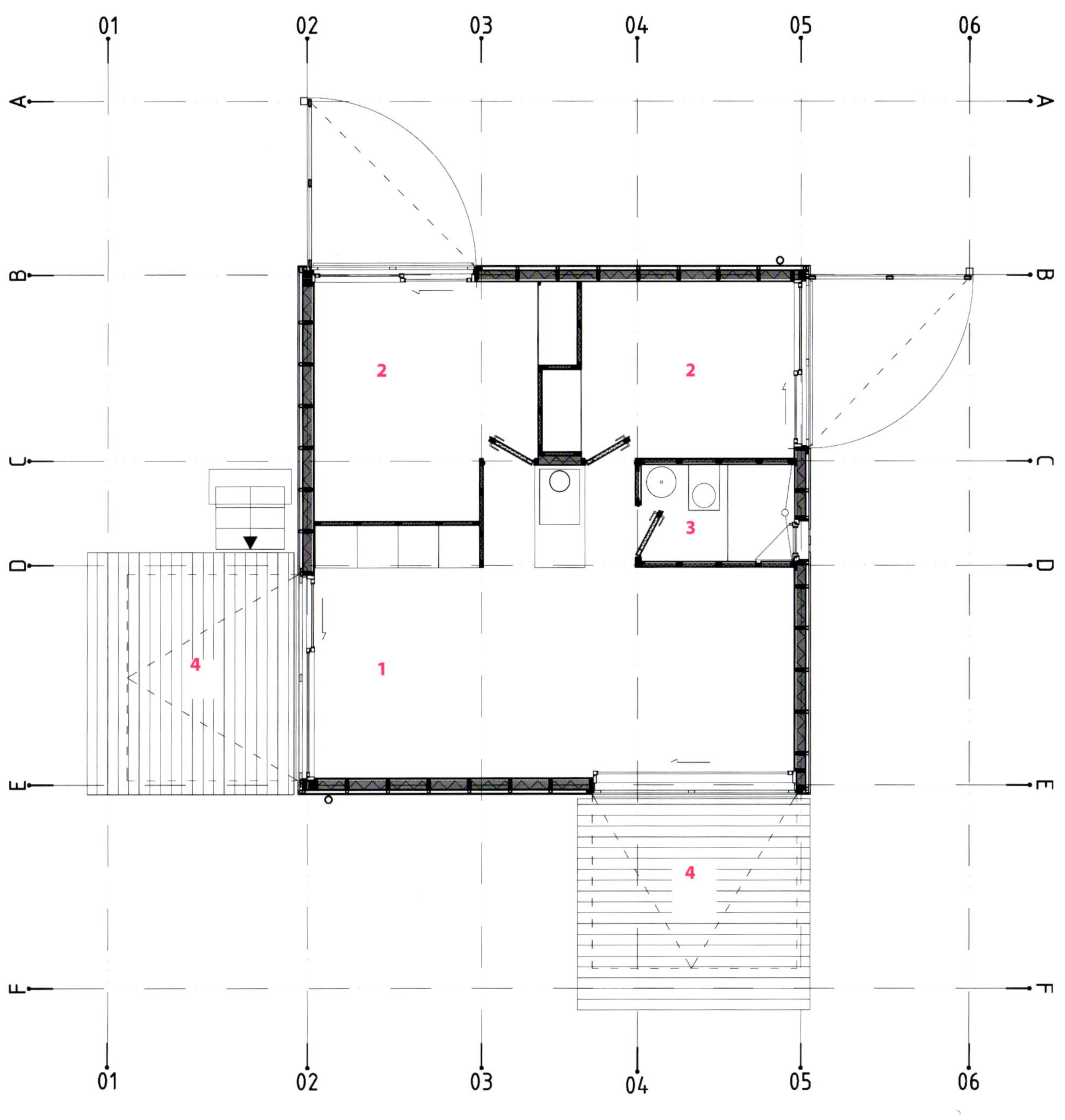

底层设计图
1. 客厅
2. 卧室
3. 浴室
4. 露台

Milligram Studio

依偎谜盒

日本，东京，深大寺

摄影：米列格兰工作室

内海智行认为，建筑正变得日趋专业化，更加耗费心力且种类越加详尽。草拟一份细致周全的方案正成为设计师们的主要目标。他们不断追求着这项严苛的目标，使其主宰了所谓的“创作过程”。因此，设计师们竭尽所能收集原始数据和素材，再将它们转化成图像。

然而，今日，每个人都有自己的参考标准、价值认知和自我风格。主观性取代了逻辑与客观现实，有多少个个体就有多少种价值认知。人们对同一种事物会有不同的诠释，人们已经无法达成某种统一的观点，也无法避免意见的分歧。每一种实体论都显得合情合理，任何主观与客观的较量都是徒劳。说来也奇怪，倒正是这种多样性令人们能在社会中寻得一种平衡，在现代城市中催生出新的活力。为了确保未来社会的建筑质量，典藏这些转瞬即逝的价值观，人们用各式各样的奇异玩意儿丰富这些价值观，同时也正是这些奇异的东西构成了我们一切的多样性。如果能创造出一套新的建筑发展逻辑，这套逻辑便能激活社会，同时它也会像当年的现代主义一样久负盛名；假设这套理论行之有效，并被知识阶层认可；如果相反的话，就要排除对这一主题的进一步探讨。

公众的注意力总是在不停地转变，设计师们的关注焦点似乎并不能成为足够充分合理的标准，也不能以此去构建一套理论。这种普遍的关注点的变化，其实质昭示了某些重要的东西：人们不断地转变着自己的兴趣点，表达了他们想要生活在一个全然现代的时代。米列格兰工作室所做的就是洞悉这些潜在的意愿并从中获得从事建筑的能量，正是这些建筑满足了人们主观性的需求。

建造商：
米列格兰工作室
房屋高度：
8.59 米 (28.2英尺)
占地面积：
280.84 平方米 (3023平方英尺)
建筑面积：
113.02 平方米 (1216.5平方英尺)
总楼面面积：
213.87 平方米 (2302平方英尺)

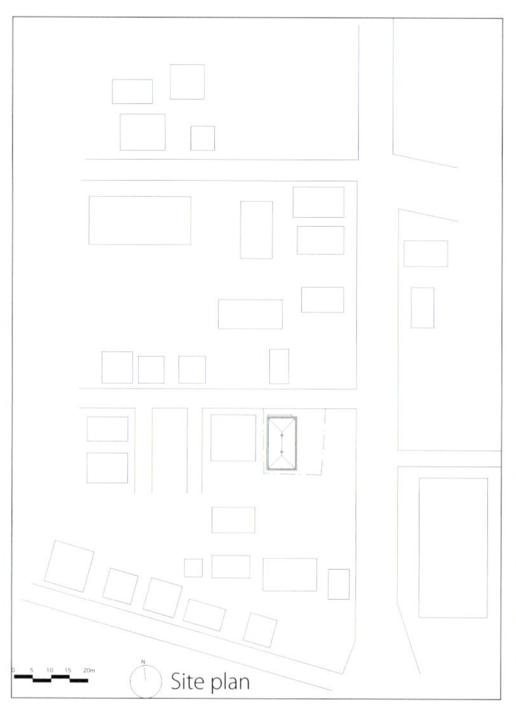

依偎谜盒是一种尝试，尝试采用某种与众不同的方法建造房屋，它并非意在去执行一个完备的计划，而是要摆脱以往的既定枷锁，去创造一座更时尚的建筑。第一层旨在烘托出一种欢乐的气氛。从一开始，这栋私人住宅便被看成一个木质的百宝箱，是自然环境中的一处庇护所。

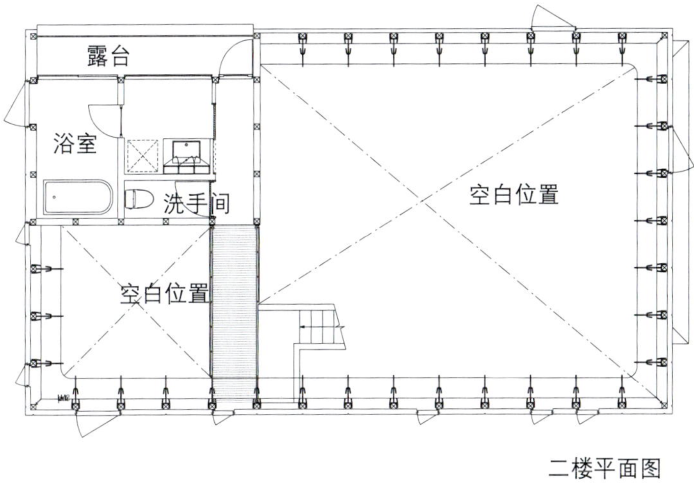

二楼平面图

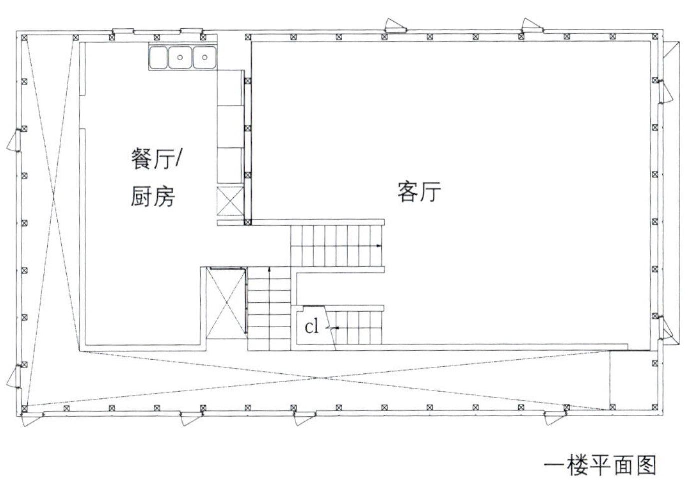

一楼平面图

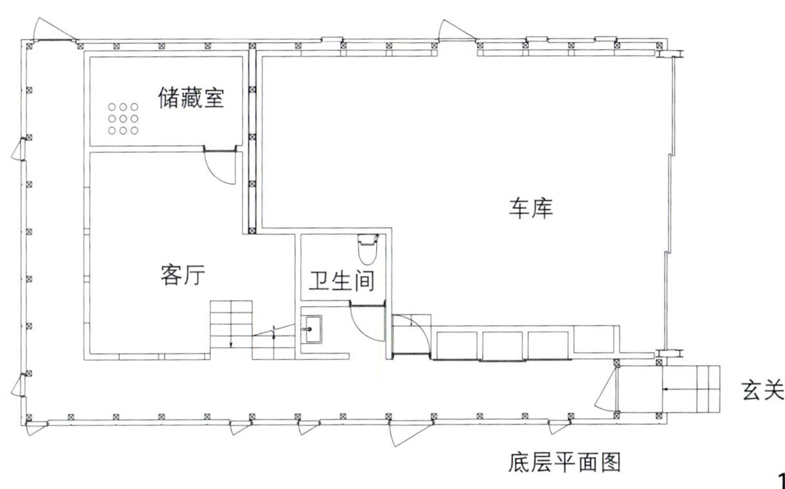

底层平面图

2009
9

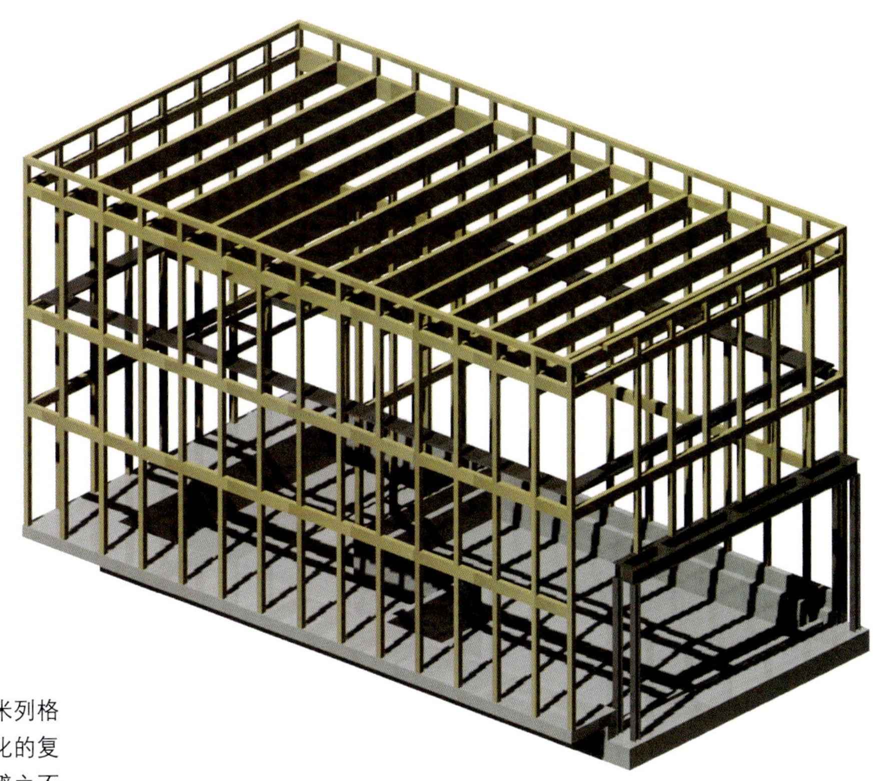

人们总是“理智”地对世界进行组织规划,米列格兰工作室则反其道而行。他们对世界多元化的复杂性有清醒的认识，对过于明显的区分则避之不及。他们力求兼容并包，追求多元并存，甚至对立并存。他们更乐意去抓住无限的可能，而非从一而终或否定其他所有。

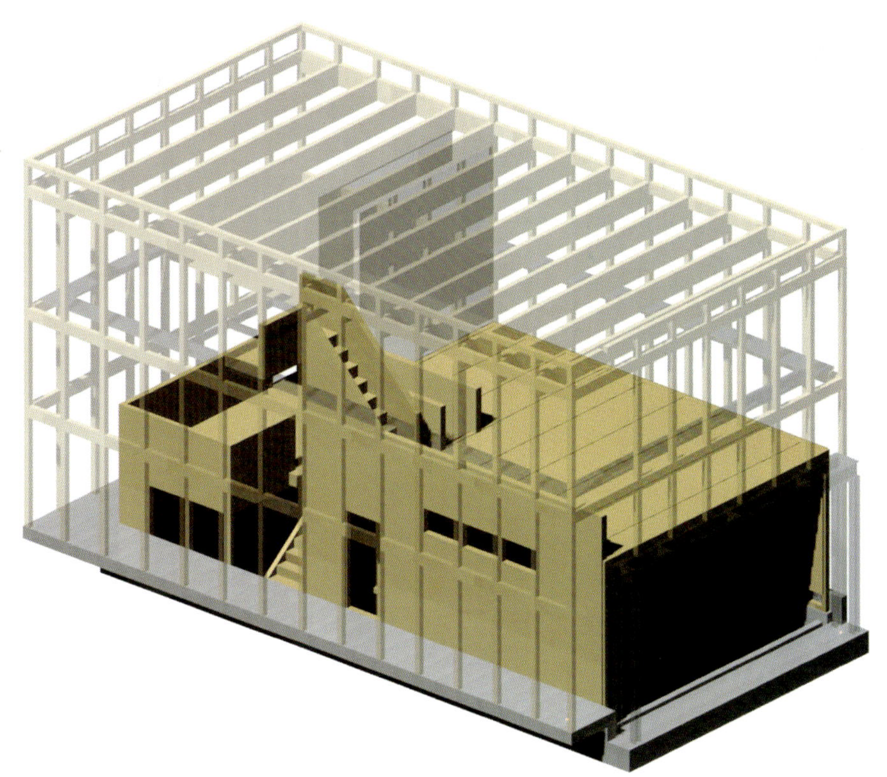

房屋内部的布局、特征和细节都被处理得十分具有过渡性，以此来满足居住者不断变化的生活需求。房屋展现出一种惊人的柔和的运动中的连续性。

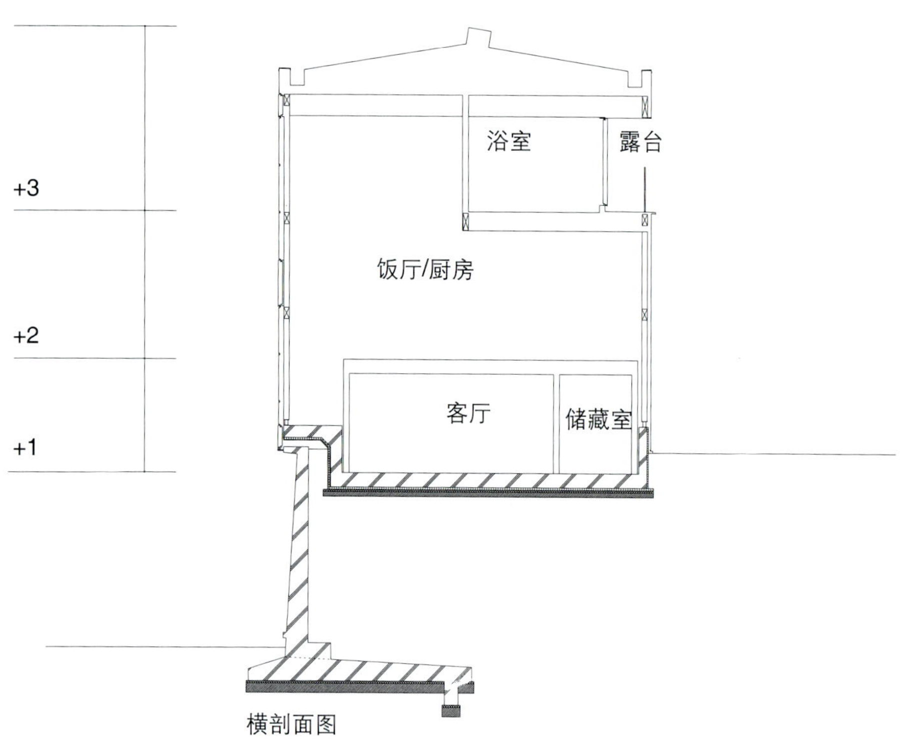

横剖面图

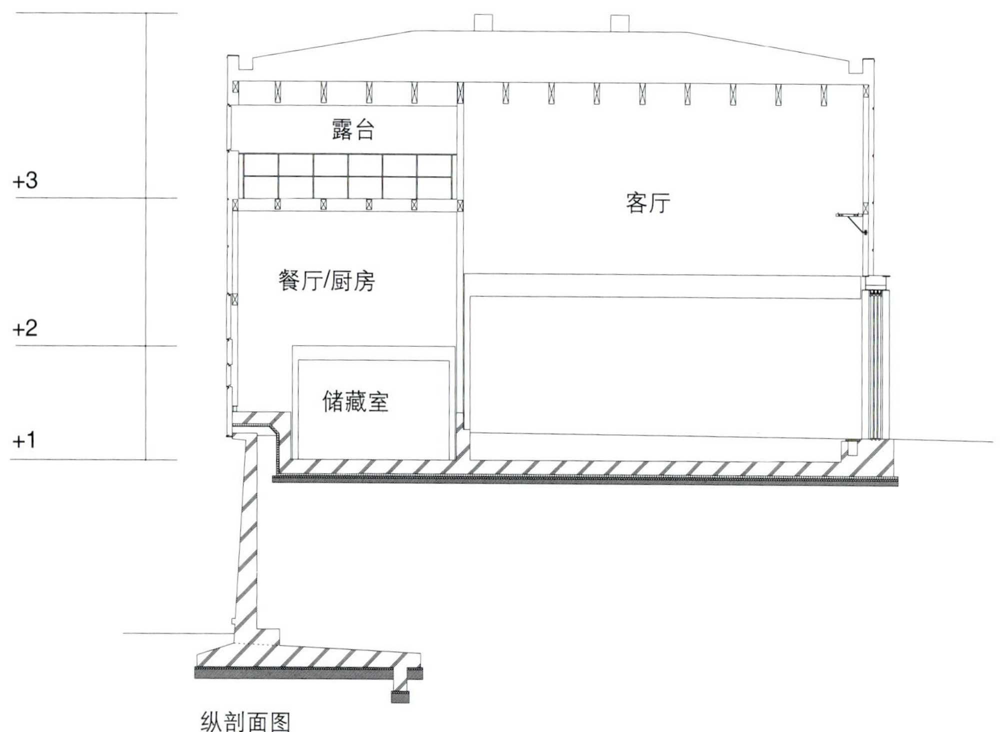

纵剖面图

Fantastic Norway AS

Vardehaugen边的中庭小木屋

挪威，Grottingen

摄影: Hakon Matre Aasarod

这是一座Vardehaugen的海滨小屋，建造在岩石地表的开口凹陷处，位于挪威Fosen半岛的Grottingen。小屋高度35米，由于是在岩石顶部的凹陷处，从小屋往外看，能收获几乎所有方向的全景。周边景致深受海洋、岩石和灌木丛的影响，有时还要经受风吹浪打的沿海气候的折腾。小屋是应一位客户的需要而建造的，他想要为他的家庭建造一座传统的小木屋。小屋的灵感来自于挪威传统的集群结构；策划该建筑的首要原则有二：一个是小村落、房屋与房屋之间有可调节的半气候化空间，另一个是一套清晰明了的社会组织规划。

小屋的地板设计恰似一条山间狐狸，为了躲避风吹，沿着曲折的路爬上山。房屋的主体恰到好处地栖落在一座矮山的山脊上，拥抱着远处那些已被打磨光滑的岩石。小屋旁有一个附属的小间，这就突出了中庭的位置，同时还能阻挡外来的寒冷与强风。

厨房是整幢建筑的中心，是它连接起了其他各个房间。在工作台能看到小屋，中庭和整个海景。卧房和浴室在小屋的背面，在里面能够看见Vardehaugen的灌木丛。客厅位于整幢建筑的最外层，扮演着气象台的角色。在这里，可以三面看海，还能躺在沙发上享受日照。地板的设计十分开放，但仍有能够让人隐蔽的缝隙与角落。为了在最大程度上保护小屋，黑色的折叠式屋顶像墙面一般，在各个方向上抵御着来自外界的侵袭。这种设计是为了把海风对小屋的侵蚀降到最低。玄关及客厅外墙，设计师并没有采用之前褶皱的深色墙面，而是采用了水平的白色原木壁面。小屋是简单的木结构，壁面用皇家松木制作而成。钢柱由地梁一直延伸出来，以此来固定房屋，最后在坚固的岩石床上形成条状排列的基座。

在小屋的设计阶段，设计师每年都会定期去Vardehaugen考察当地多变的气候条件，以期最完整地把握影响小屋建设的因素。考虑到小屋所在的位置容易受到风吹雨打，以及当地严格的建筑标准，当地的邻里和政府关系也早在设计计划之内了。为了让大家更直观地想象出小屋的大小和具体位置，许多设计稿就已经定稿成实物全景图，例如雪中全景。通过对风向的观测以及和当地居民的交谈，设计师也掌握了海风的有关情况。

建造商：
Fantastic Norway AS
室内设计师：
Sivilarkitekt MNAL Sigrid Bjorkum
顾问：
Sivilingenior Oystein Aasarod,
Sivilarkitekt Thomas Tysseland
项目经理：
Sivilarkitekt Hakon Matre Aasarod
承包商：
Hallgeir Vingen, Abygg AS
委托人：
Knut Aasarod, Synnove Matre
价格：
欧元170000
楼面面积：
77 平方米 (830平方英尺)

小屋的壁面主要由染色松木建造而成，那低调的感觉令小屋和它周边的自然风景浑然一体，避免了强烈的视觉冲击。

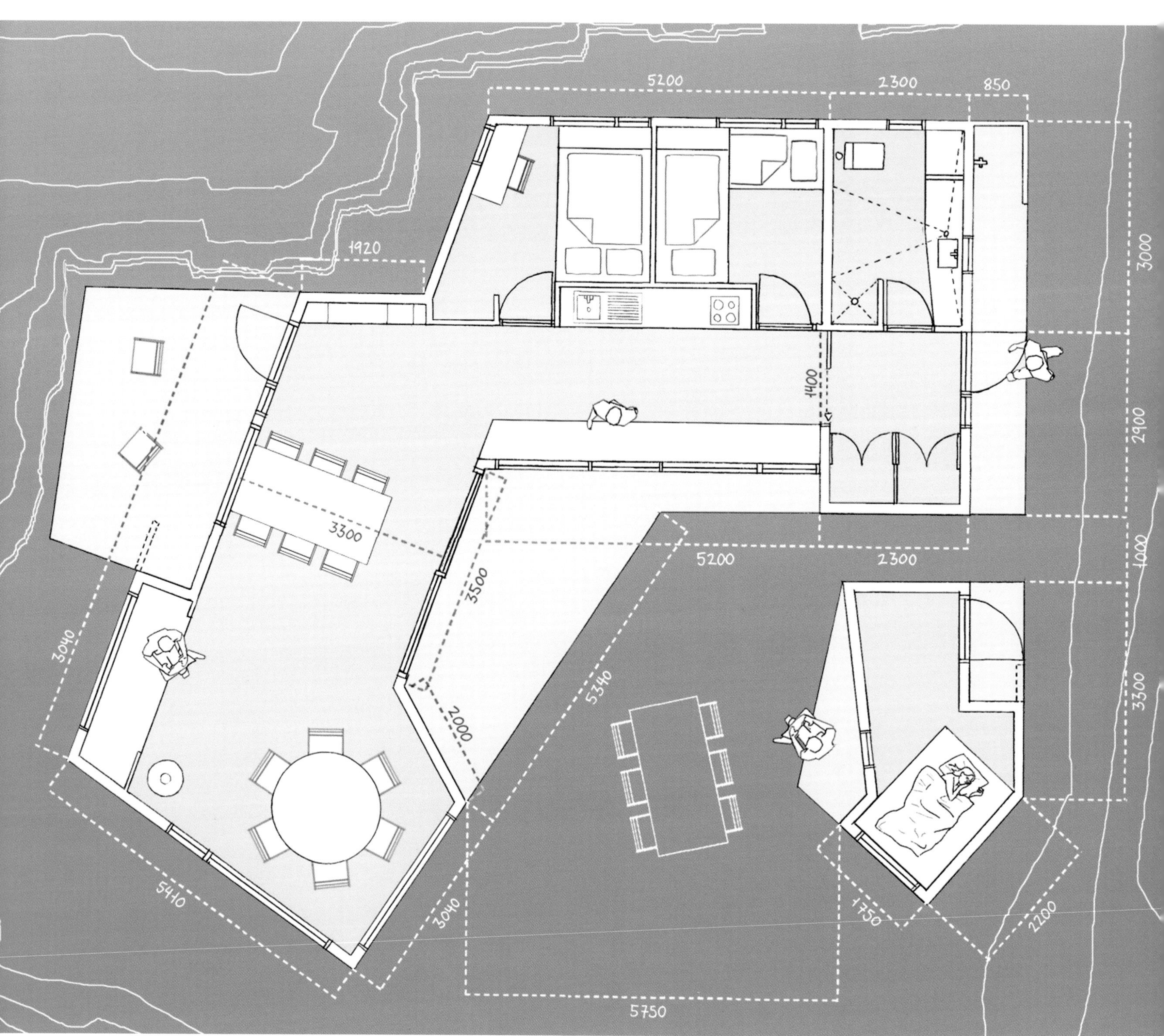
5200
2300
850
1920
3000
1400
2900
3300
5200
2300
1000
3500
3040
5340
3300
2000
5440
3040
1750
2200
5750

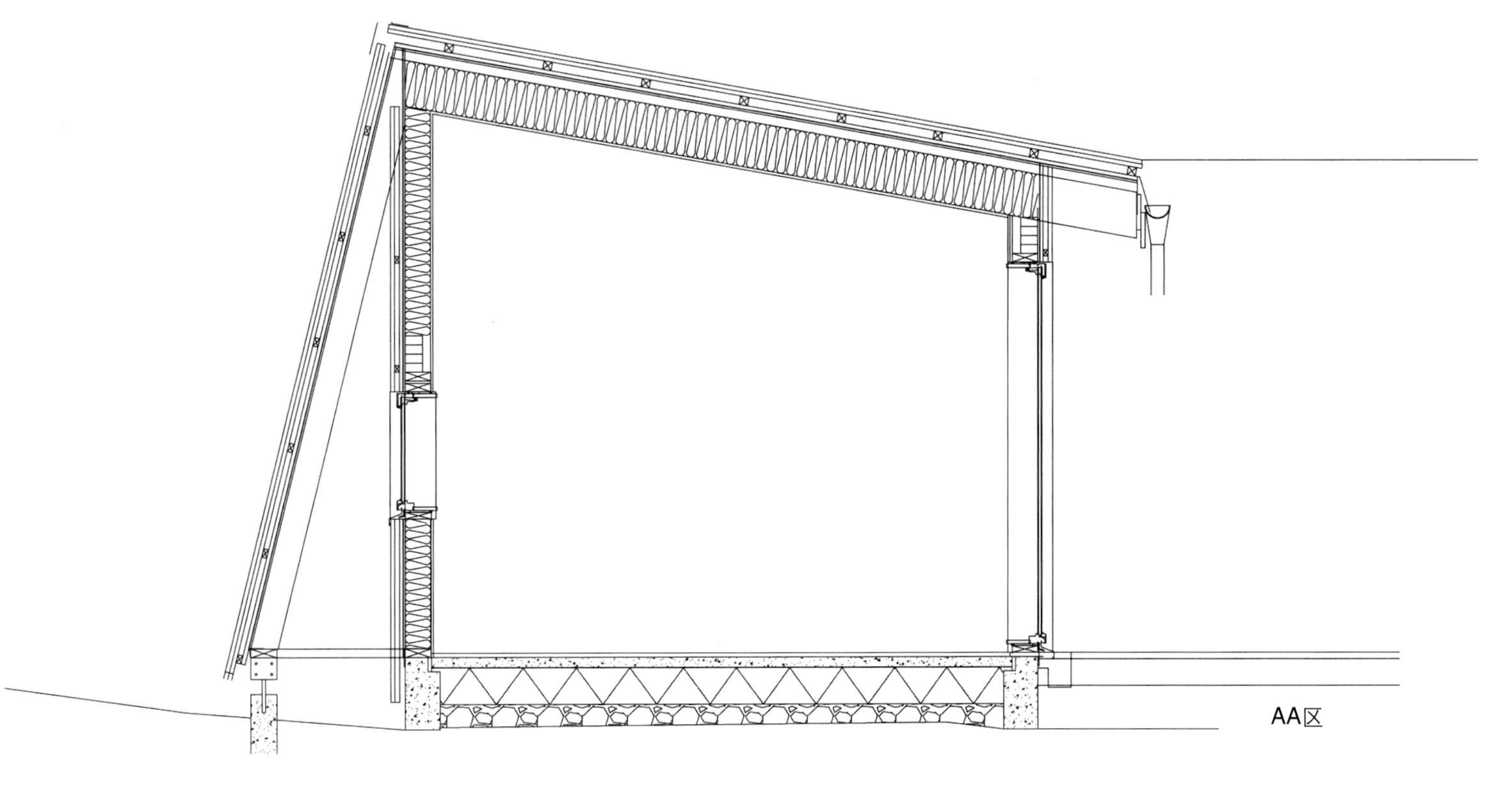

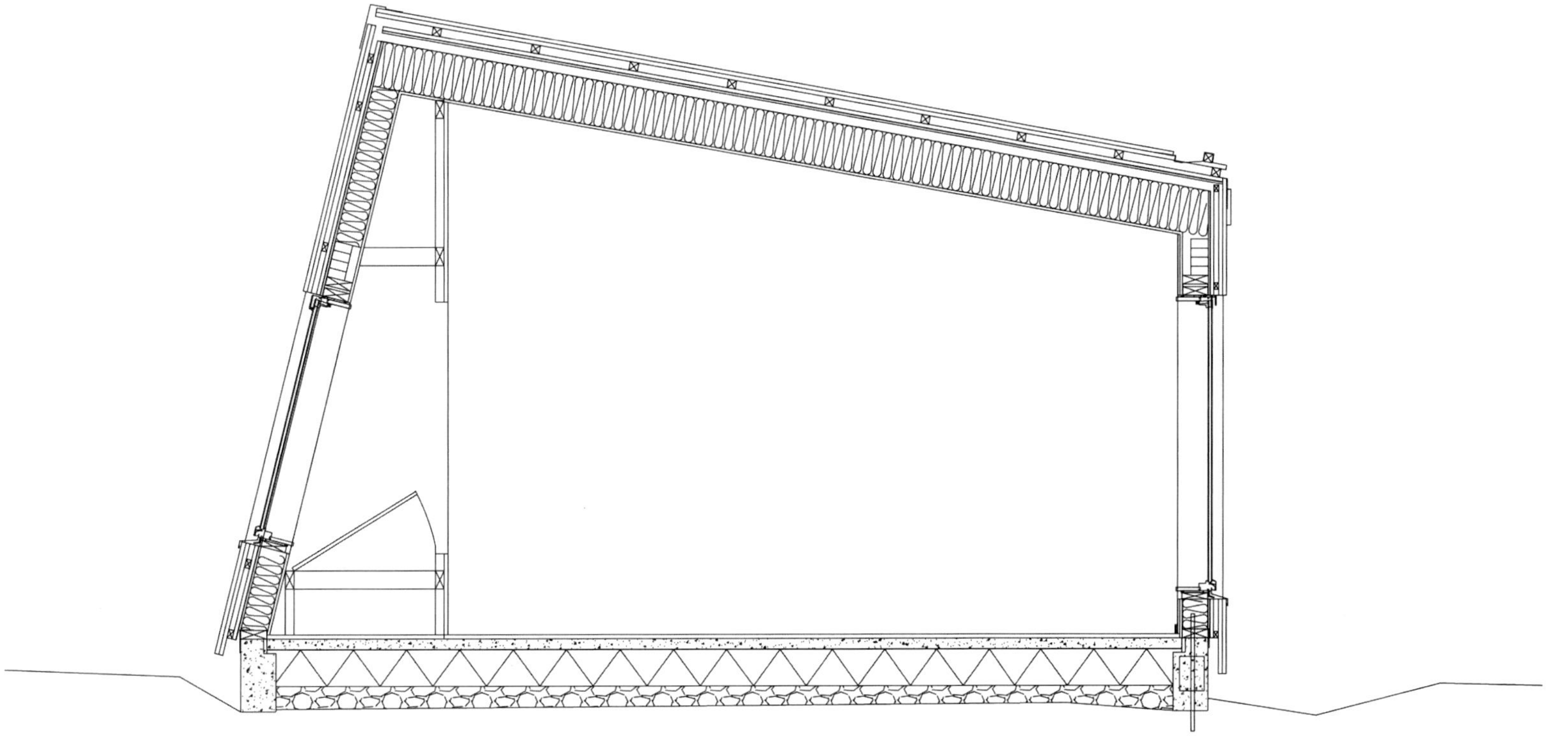

BB区

设计师在设计小屋的平面图以及选取小屋的位置时都以为其提供最大化的保护为宗旨。小屋依偎着山脊，在其自身的保护下还腾出了一片户外活动区域。

Diane Heirend & Philippe Schmit

E之屋

卢森堡

摄影：Lukas Roth

这座由木板拼嵌而成的小屋位于一块狭长土地的尽头，就在两条马路中间的那个山头上。小屋伫立在村庄和葡萄园之间。这所新建筑的平面是基于两个较小且作用略微相互抵消的防火墙的位置而设计的，这两面防火墙面对着面，毗邻着房屋。每面防火墙都有9米高，房屋的高度以此决定。把两个基座连接起来，两幢房子就交会出了一个L形的结构。房屋两部分间的过渡部分也连接起了前屋与后院。

位于水平边部分的房子是三角形屋顶，它的折角以及那若隐若现的屋顶线条与位于垂直边部分的房屋的平面屋顶相映成趣，此外它们还与周围的地形配合得恰到好处，赋予了整幢建筑一种雕塑般的美感。缓坡的高低不同，以及E之房里各式各样的房间，确保了房子的功能性和空间性，但是在外面是看不见屋内的活动的。垂直边部分的房子只有一层，介于倾斜设计的屋顶，天花板的高度从3米到5米不等。儿童房被安排在一排房间中，看起来像一排抽屉，屋与屋之间靠大型滑门连接起来。朝向葡萄园的那一边，有一扇条形窗户，能够看到葡萄园的全景。底层朝着马路的房间是客房，游戏室和书房被可移动的门板隔开，这一块门板同时也是书房的教学白板。外部饰面使用环保的材料，房屋的正面外墙贴着未经化学加工的松木条，屋顶采用铜材，这一设计不仅把总体的气候条件考虑在内，也使其与周边乡村环境的对比达到最小化。为了应对夏季的炎热，可以关闭房屋背面的通风外墙。设计师为全景窗加装的百叶窗也能很好地起到遮阳的作用。木制百叶窗被安装在一个可滑动的玻璃框内。当我们打开窗户，就能看到对着园子的露台。即使关上百叶窗，也能从疏离的百叶缝隙中，感受到屋内与屋外的交流。

建造商：
Diane Heirend & Philippe Schmit 设计事务所
分管合伙人：
Philippe Schmit
楼面面积：
340 平方米 (3660平方英尺)

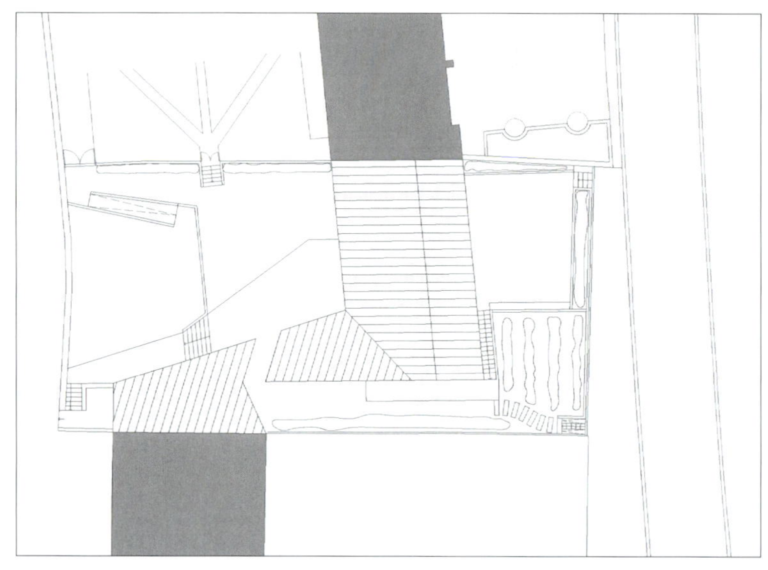

这套房子在客厅和餐厅安装了许多窗，同时在一楼还设计了一系列全景窗，以此建立与周围环境的联系。

房子位于当地村庄和葡萄园中间。

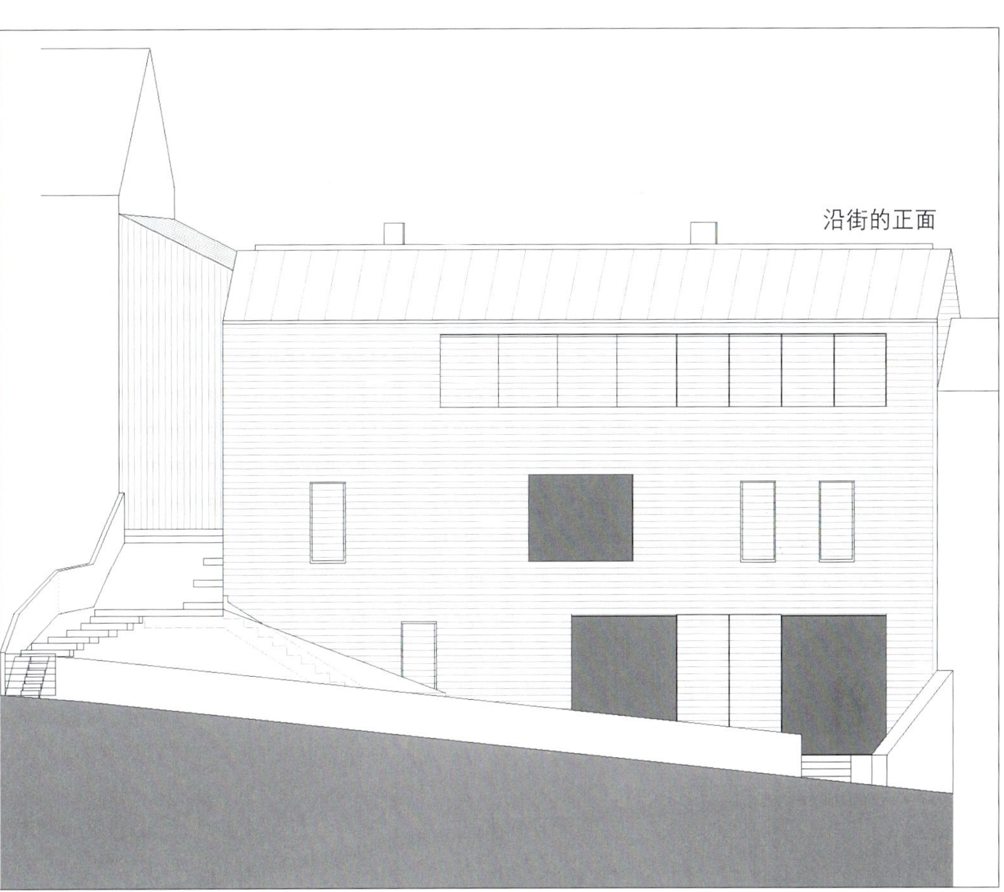
沿街的正面

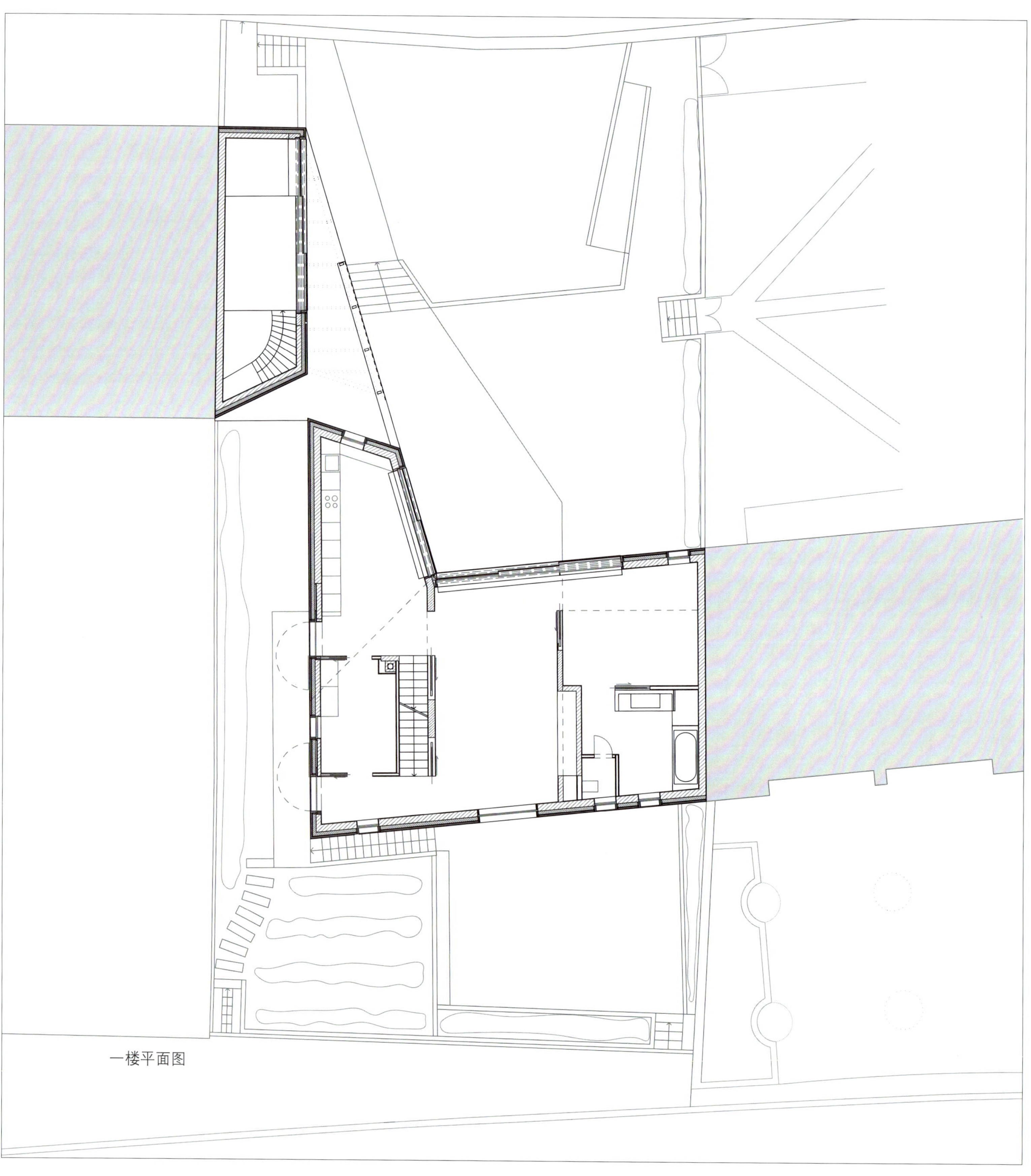

一楼平面图

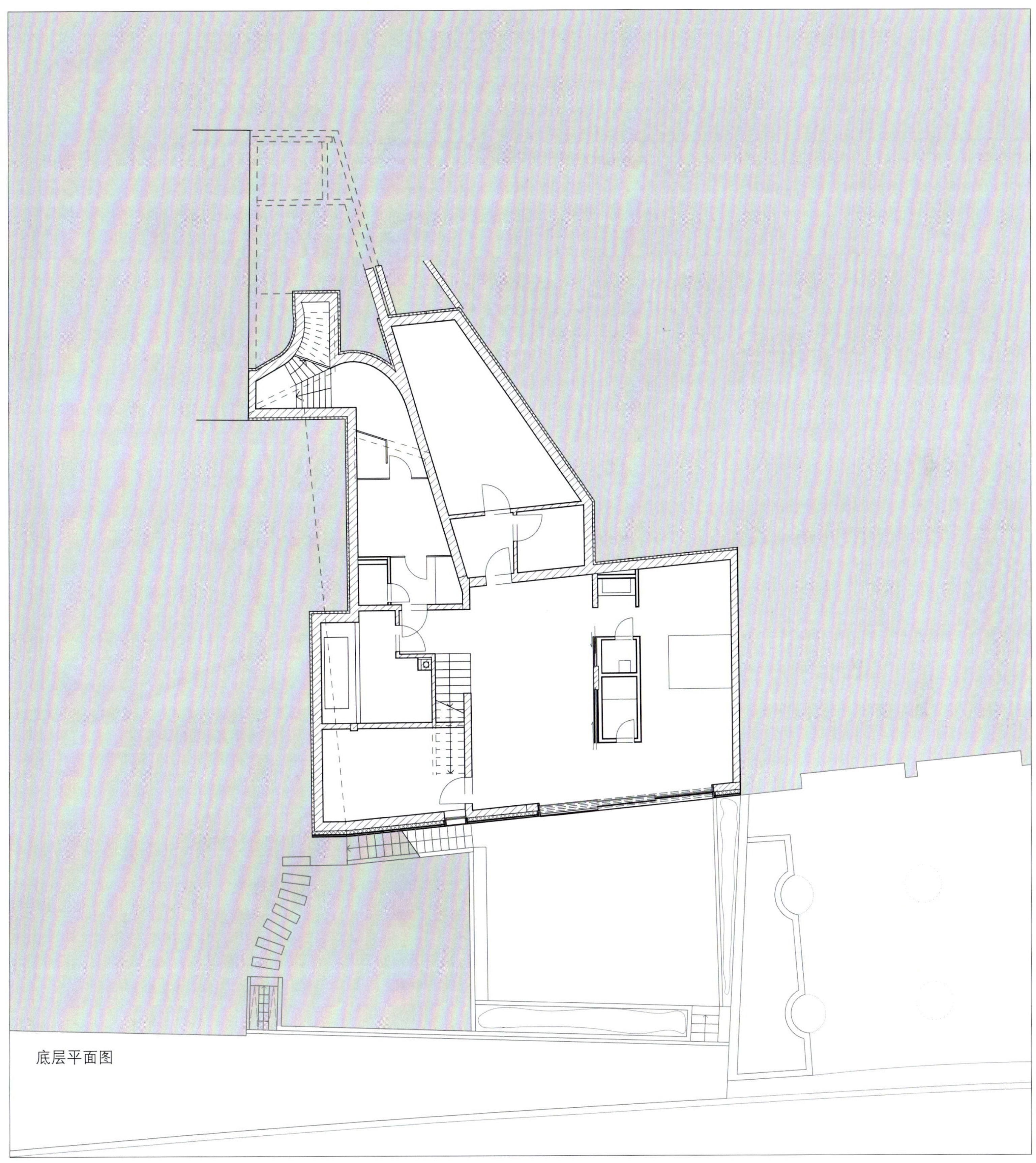

底层平面图

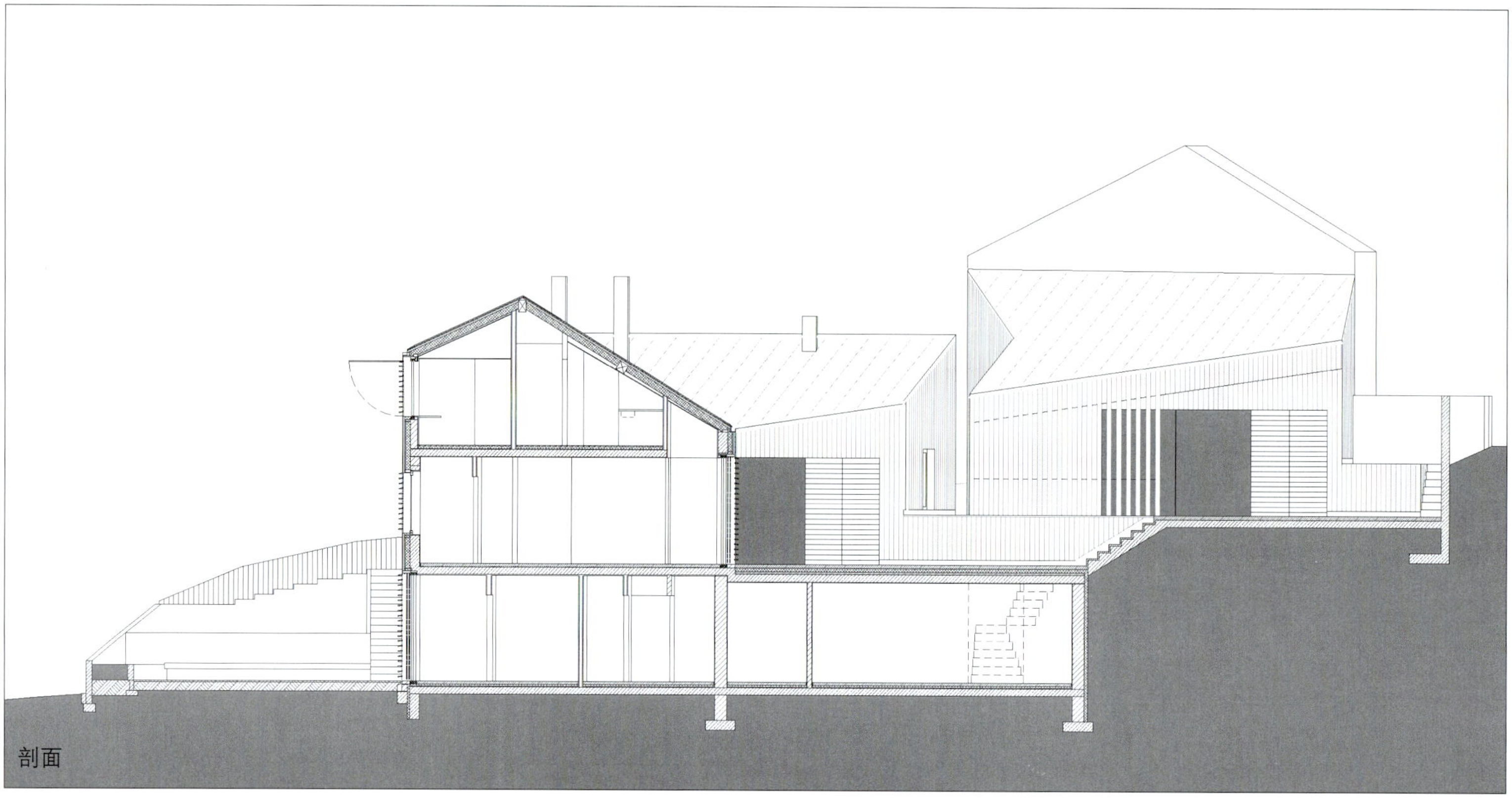

剖面

Mario Carreño Zunino, Piera Sartori del Campo

Cerro Pochoco之屋

智利，圣地亚哥，El Arrayán

摄影：设计师

El Arrayán是Arrayán和Rio Mapocho山谷的汇聚之所，从Cerro Pochoco的高度俯瞰下去，它就像某座当地人所十分敬重的守护神山。这里是20世纪50年代，从“Arrayán假日”发展起来的。傍晚站在Andes的山脚下，沿着灌溉水道一路向前，途经当地典型的硬叶植被，会发现一处与周围环境相得益彰的房屋坐落于此。这里，离圣地亚哥不远。

房子始建于1976年，坐北朝南，建在一个30°左右的坡面上。它全木结构，主体使用松木，墙面外层采用Raulí Beech (毛榉木) 覆盖，内墙则用Manío (罗汉松木) 。这里是一处归隐山林的寓所，小屋创造出了一种绝佳的隔绝感。两个朝南的露台使室内与室外交相辉映。轻薄质感的材料令小屋时不时地有所改变，这样就能满足人们多变的日常需求。楼梯连接起了三个楼层，仿佛形成了一个斜斜的坡面。扶梯由大小相同的木条拼接而成，木条与木条之间又有等距的缝隙，这样就赋予了扶梯功能上的多变性。人们可以在这里起居，用餐，甚至就寝。天花板就在陡峭的房顶下面，房间因此显得空气畅通，宽敞舒适。木头与光的结合赶走了建造房屋时的几何严肃感，令小屋过目难忘。

2007年，设计师决定把小屋一分为二。同时希望把小屋原先的山林归隐之寓所的定位改为人们逃离城市的憩息地，这些人往往终日在圣地亚哥城忙碌着，来到这里，将会让他们充分获取自然的力量。设计师把缓缓的斜坡和原有的小屋改建成一座塔楼，既能保护小屋，又把建筑过程中的伤害和风雨的侵蚀降到最低。塔楼替代了原先的露台，它面朝Mapocho，将房子的开/关、里/外的双元性有机统一起来。远处的雪景、迁徙的鸟儿和季节的变换让每一天都美得令人心动。

房子现在有两层，还有一间半开放式的阁楼，这样就能有两间水平排布的卧室，它们都朝向窗外美丽的自然风光。最后就只剩生活必需品需要房主自行置备了。房子里的房间大小不一，不再是一模一样的了。

建造商：
Mario Carreno Zunino,
Piera Sartori del Campo
Architect of the original house:
Juana Zunino Muratori
改建设计师：
Mario Carreno Zunino,
Piera Sartori del Campo
助理设计师：
Pamela Jarpa Rosa
结构精算师：
Mauricio Sarrazin Arellano
施工：
Arturo Leiva
风景美化：
Juana Zunino Muratori
占地面积：
1502平方米 (16167平方英尺)
原建筑面积：
147平方米 (1582平方英尺)
扩展面积：
121平方米 (1302平方英尺)

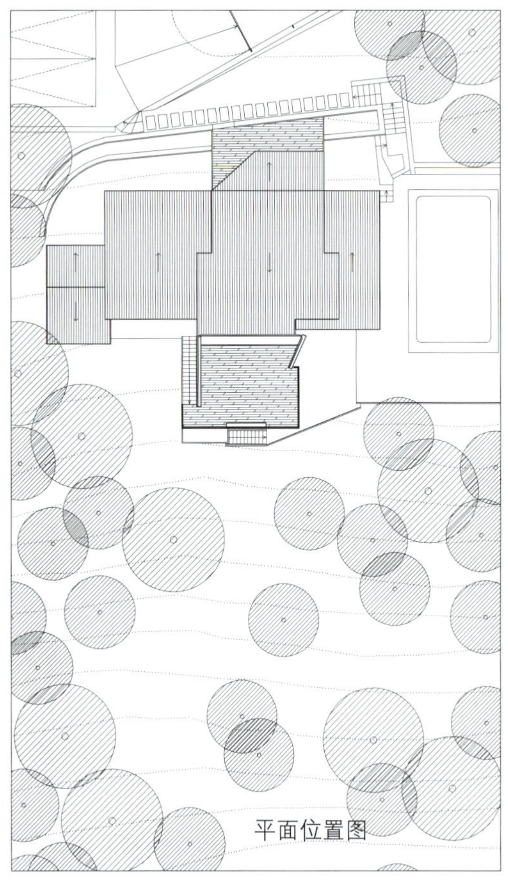
平面位置图

南面效果草图

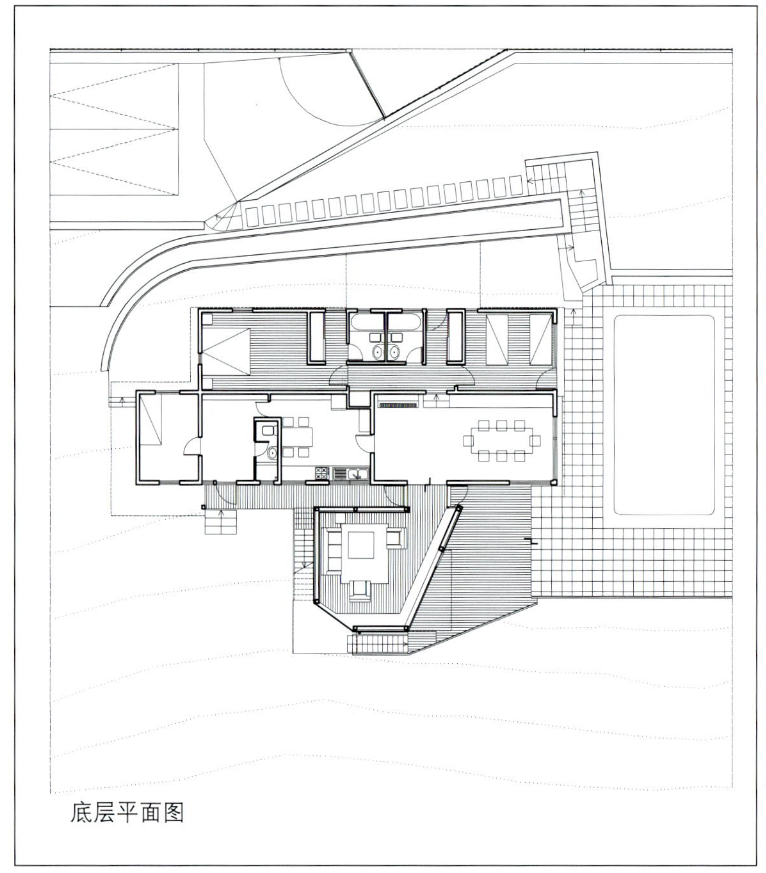

底层平面图

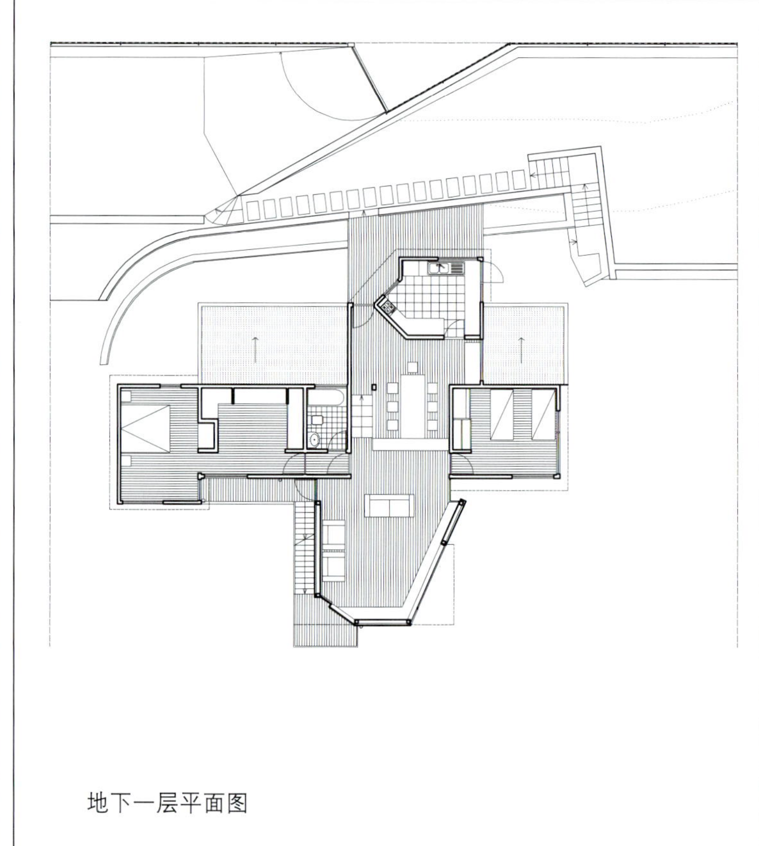

地下一层平面图

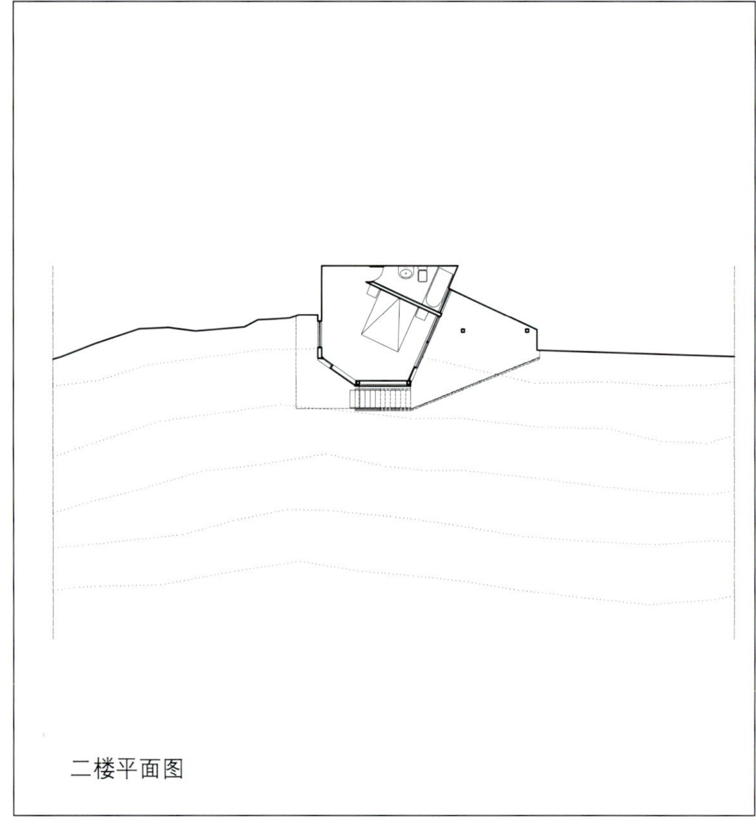

二楼平面图

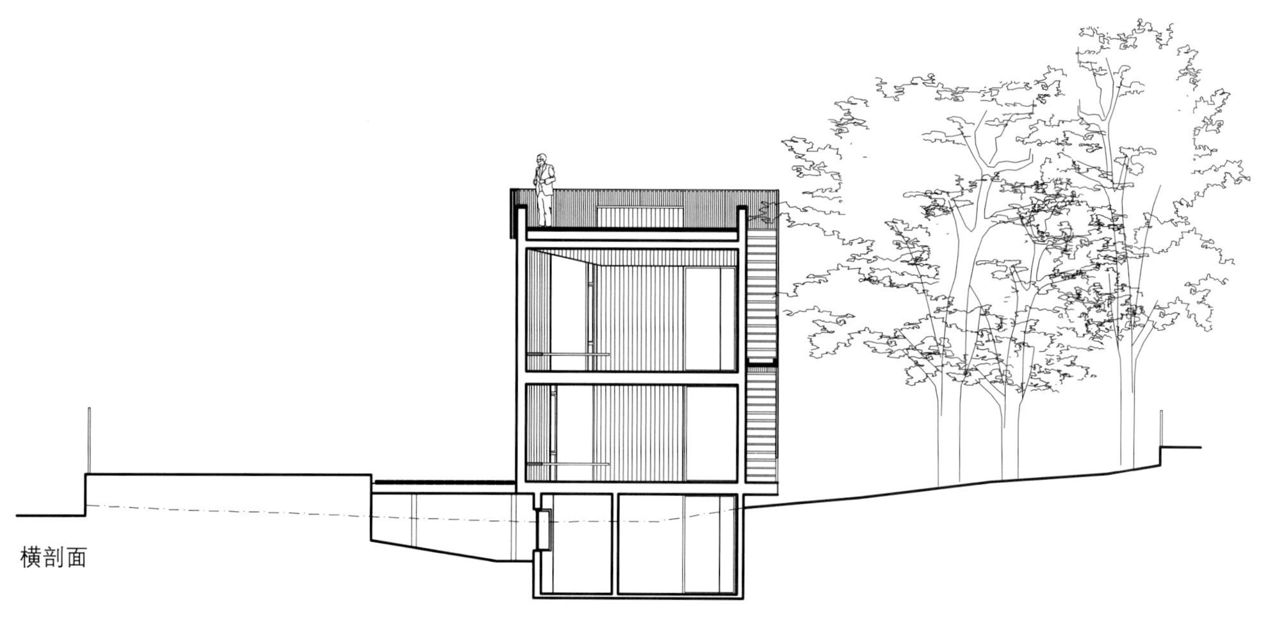
横剖面

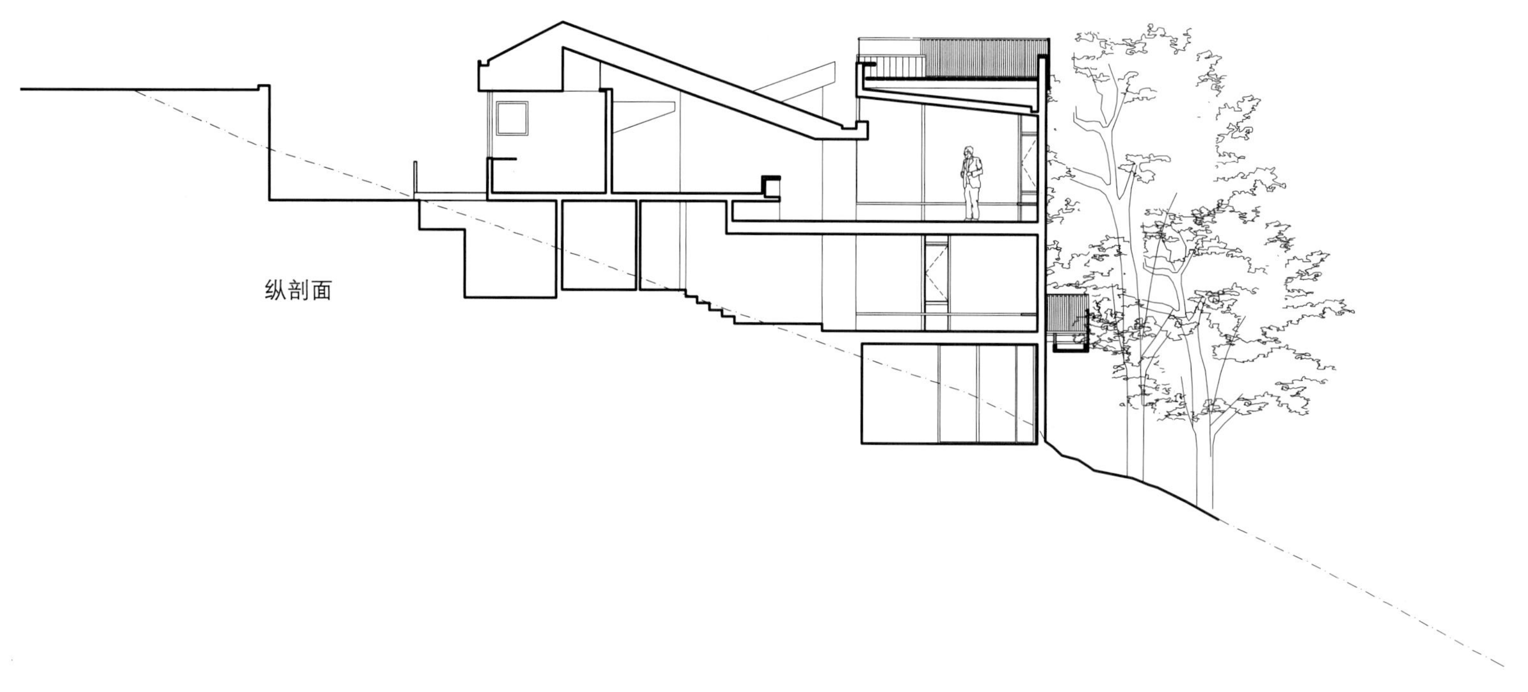
纵剖面

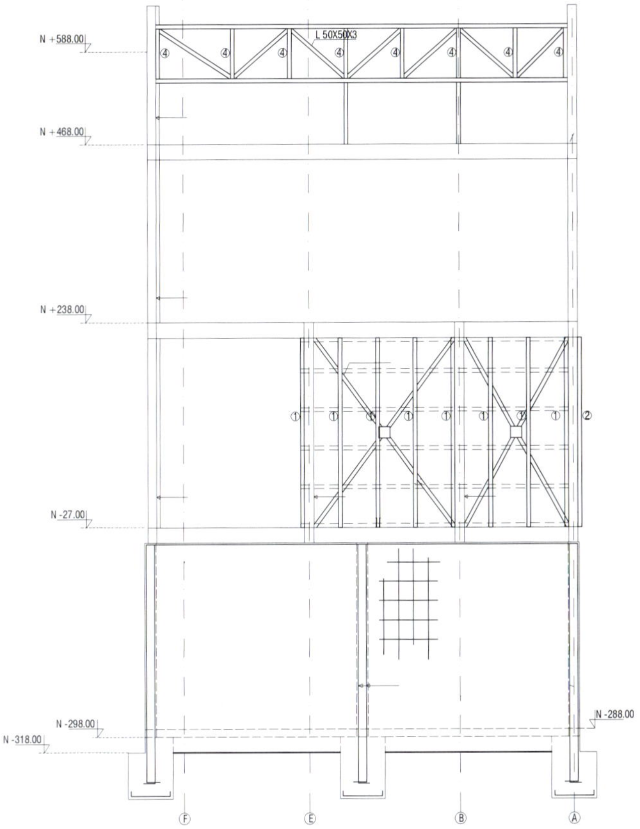

隔断详图 1

隔断详图 2

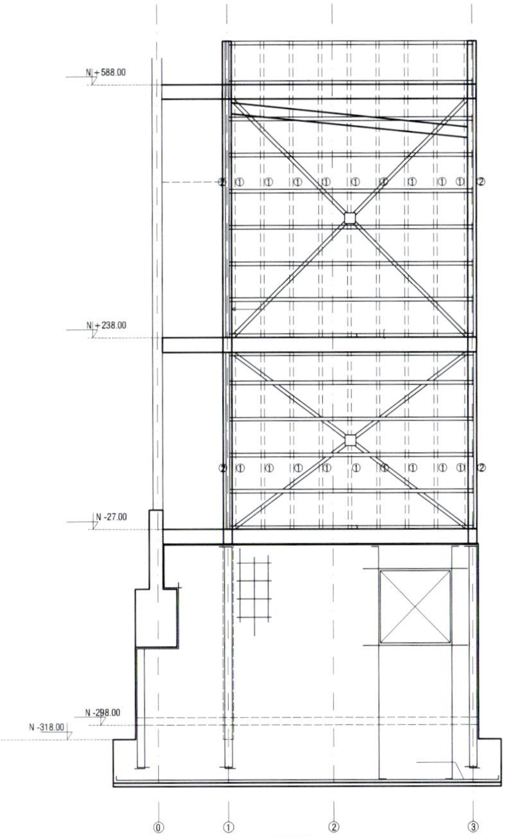

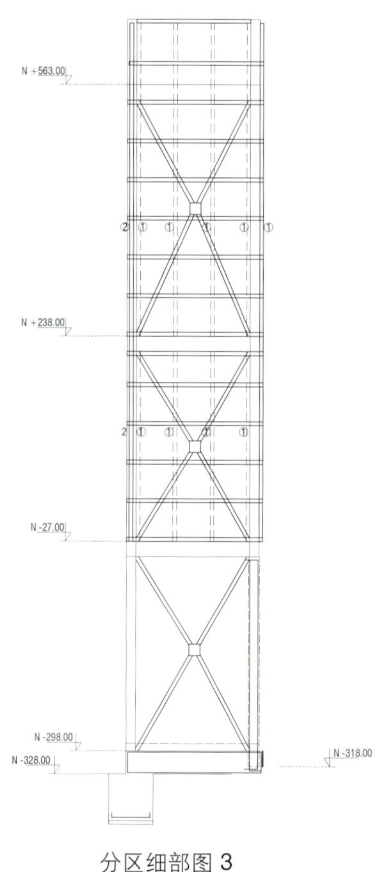

分区细部图 3

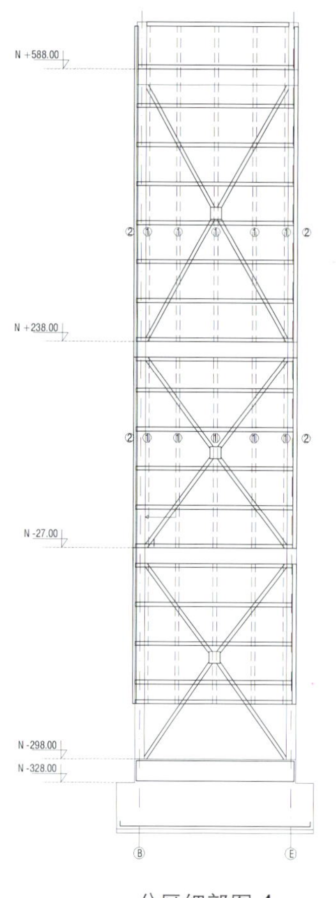

分区细部图 4

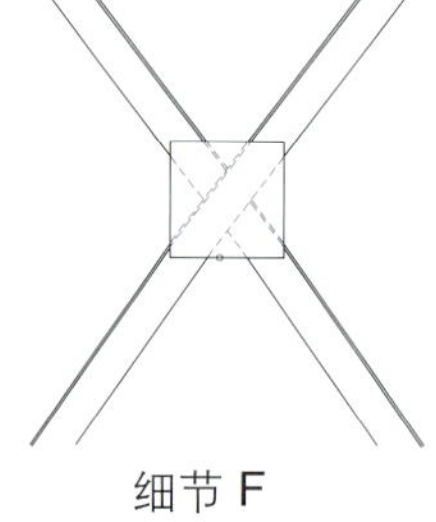
细节 F

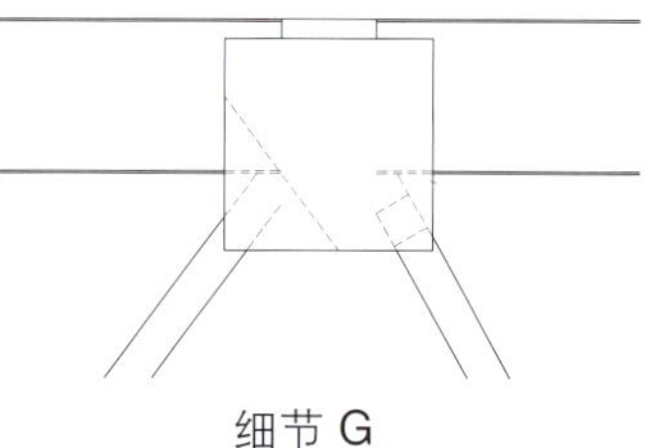
细节 G

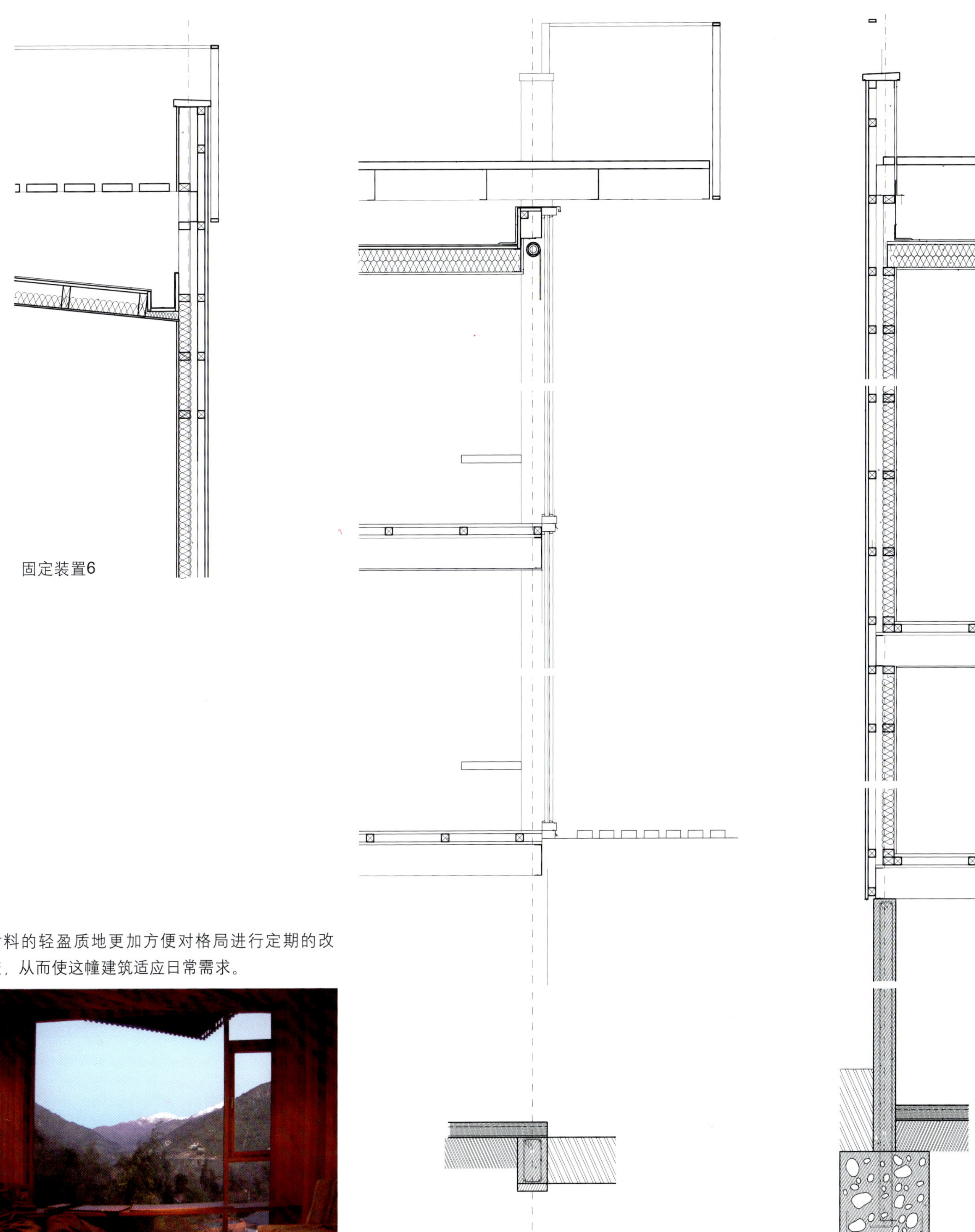

材料的轻盈质地更加方便对格局进行定期的改变，从而使这幢建筑适应日常需求。

Olgga Architectes

House in Normandy

法国，Coudeville - sur - Mer

摄影：Olgga Architectes

“艾尔莎”木屋建成三年后，法国建筑公司Olgga Architectes又接到了一单对其加工扩建的业务。扩建后的“艾尔莎”将迎来一户新的主人。房子是全木结构，采用的是未经加工的传统道格拉斯原木。

建议容量法是对传统山墙形式的现代解读，同时它还能与周围的乡村风景完美融合。各种现代技术设备都与房屋中简洁的建筑空间美妙结合。例如，这座房子没有传统意义上的屋顶，而水管也被镶嵌在墙壁里。考虑到由松木包裹的外墙，设计师只有如此扩建，才能使房屋作为一个整体去历经岁月沧桑。

设计师把传统的墙面与各种特定的复合墙面相结合，使得房子的每一面都能以不同的方式反射光线。在安装复合墙面的时候，特意设计成松紧不一，加之其他光滑的木料，就达到了加强光线摇曳的效果。

房屋的外墙上有许多不规则的孔，这样的设计令房屋本身的传统风格平添了几分现代气息。此外，设计师也十分注重窗户的布局，不仅能让住户看到窗外的美丽景致，同时还能最大限度地接收自然采光。房子与园子亲密无间，厨房采用的是玻璃落地门，门外则是一条宽宽的木甲板作为房子的延伸。踏上木甲板就是园子，令园子也仿佛是起居空间的一部分。

室内的设计是围绕着一段红色的楼梯展开的，这段红色楼梯能通向各方。鲜艳的红色楼梯与雪白的墙面、浅棕的地板产生强烈对比，夺目迷人。底层客厅十分宽敞，配备了厨房、餐厅和休息室。半开放的设计让人们在这一层能够享受到房子周围的所有景致。卧室在楼上，得益于三角顶的设计，卧室也显得格外宽敞。

建筑师：
Olgga Architectes
获得奖项目：
Prix Bois Construction &
环保建筑奖
建筑面积：
127 + 20 平方米 (1367 + 215 平方英尺)

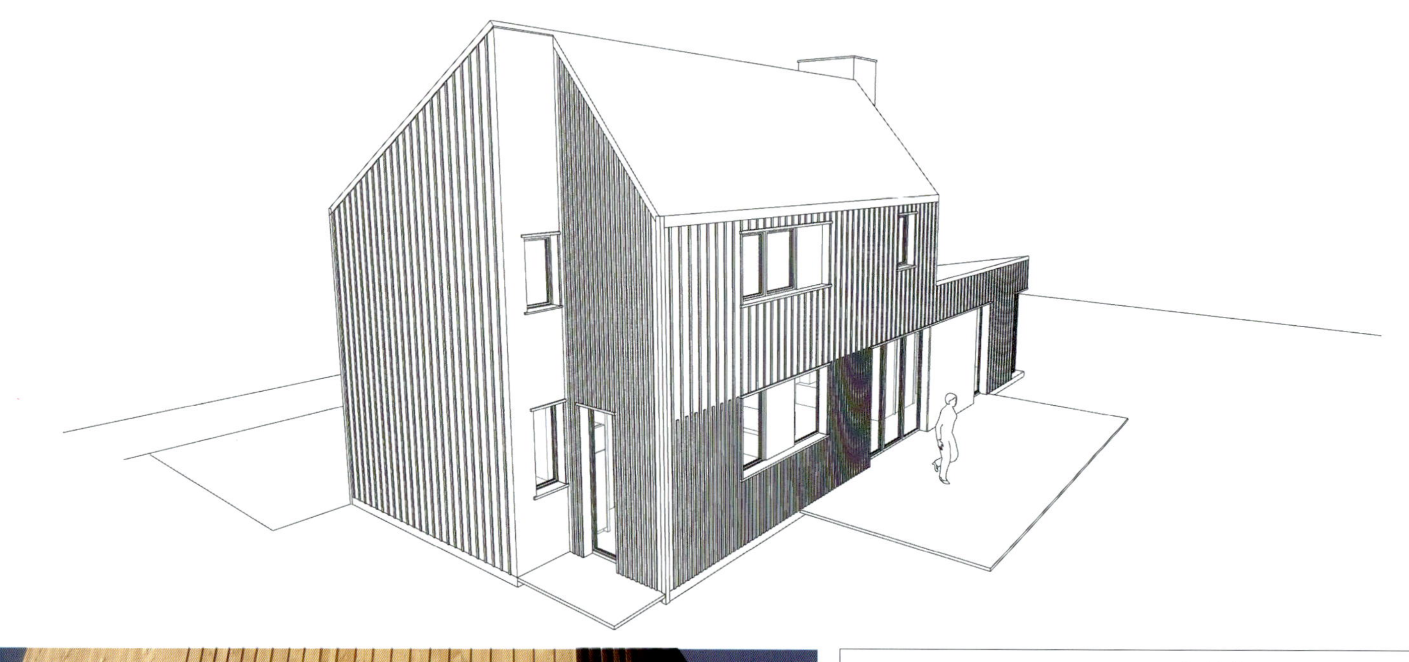

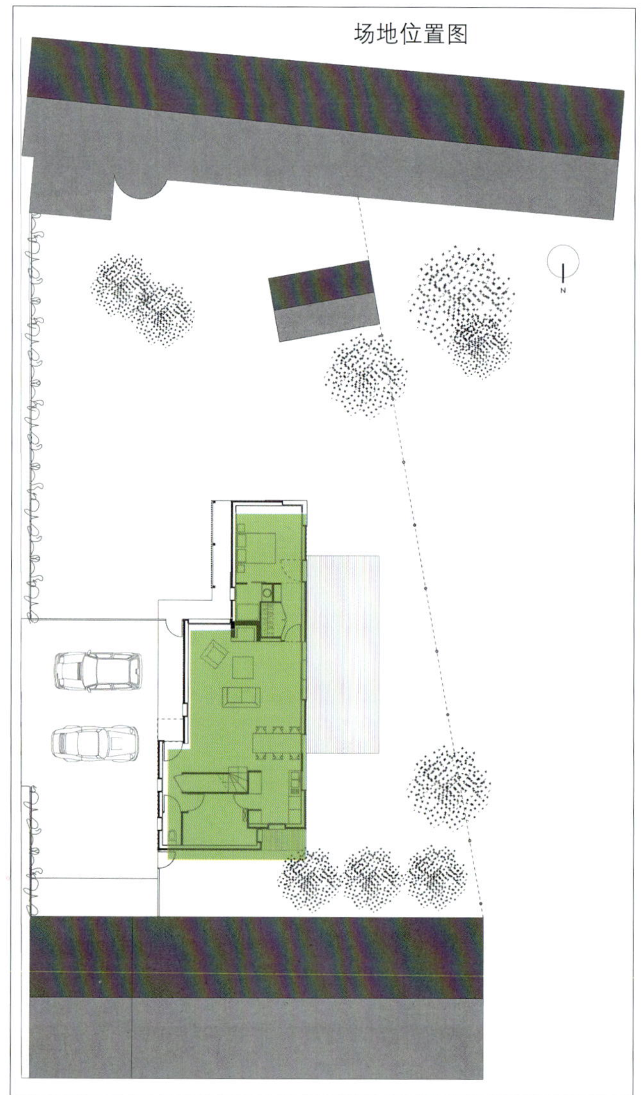

场地位置图

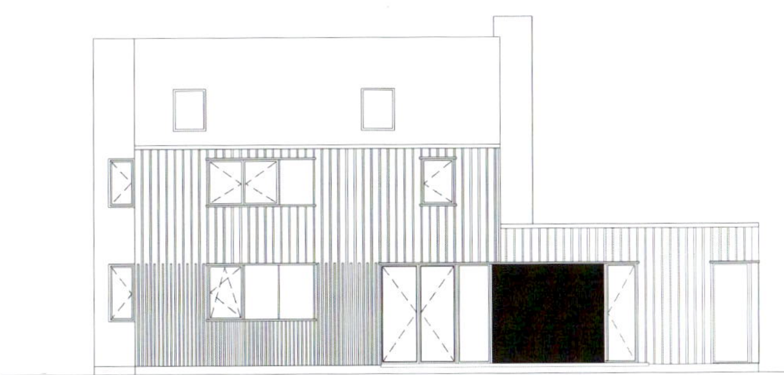

东面高度

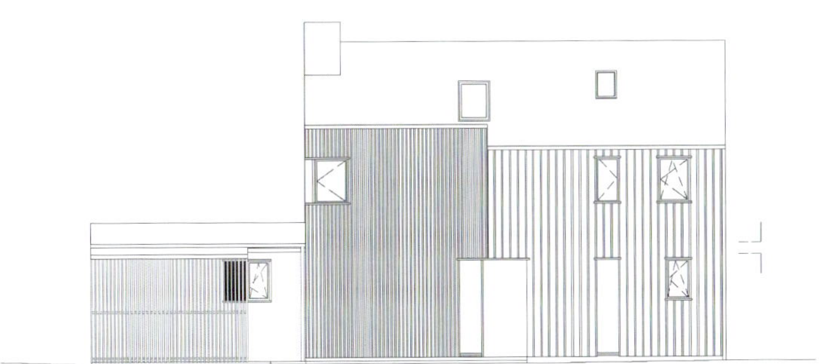

西面高度

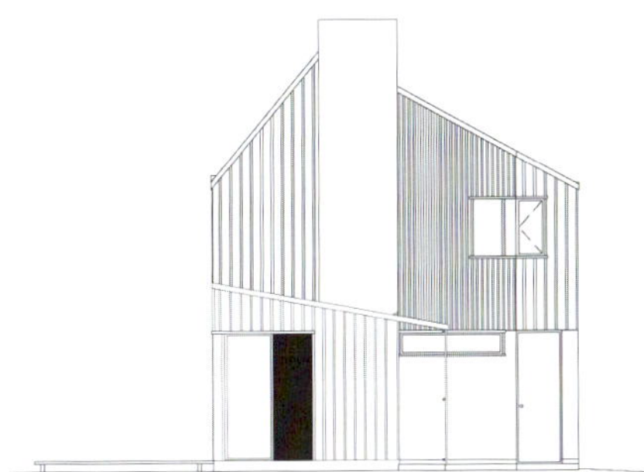

南面高度

建议容量法是对传统山墙形式的现代解读，同时它还能与周围的乡村风景完美融合。各种现代技术设备都与房屋中简洁的建筑空间美妙结合。

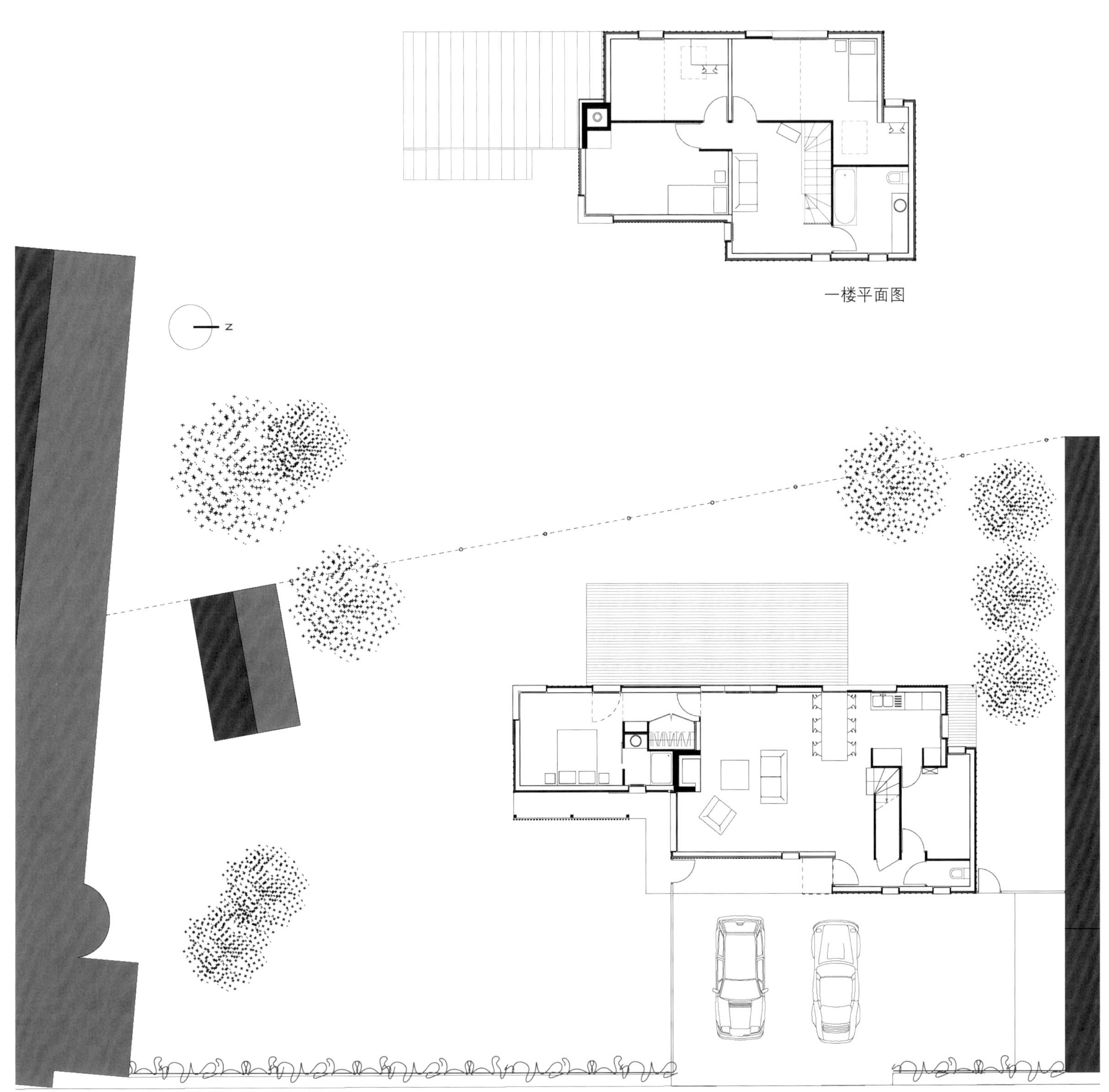

一楼平面图

底层平面图

房屋外墙(原先的和扩建的)用未经化学加工的道格拉斯原木贴嵌而成，使房屋看起来充满乡村风情，使它和周围景致完美融合。

房屋扩建用以迎接新住户，地板、墙面以及天花板都重新设计装修，扩建后，窗子也变成了连接房子与园子的桥梁。人们可以经由落地玻璃门走到屋外的甲板上，这甲板便是原来房屋留下的宝贵财富。

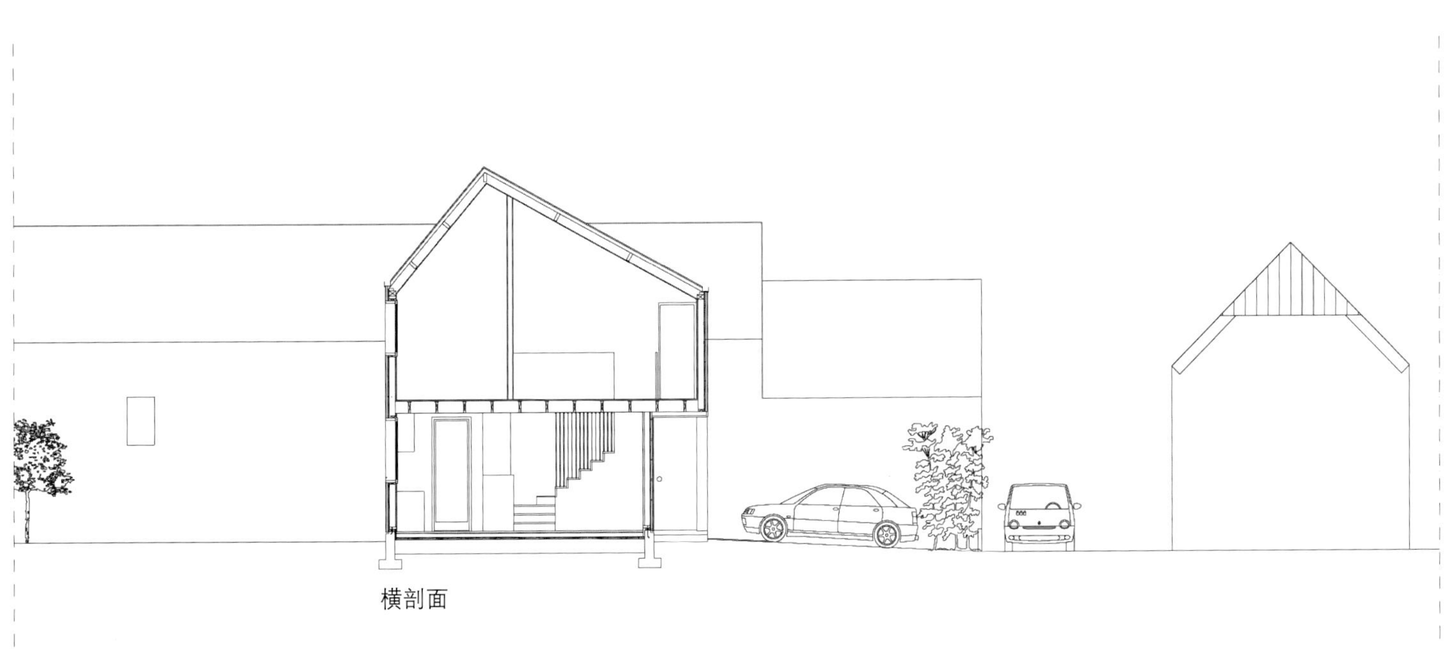

横剖面

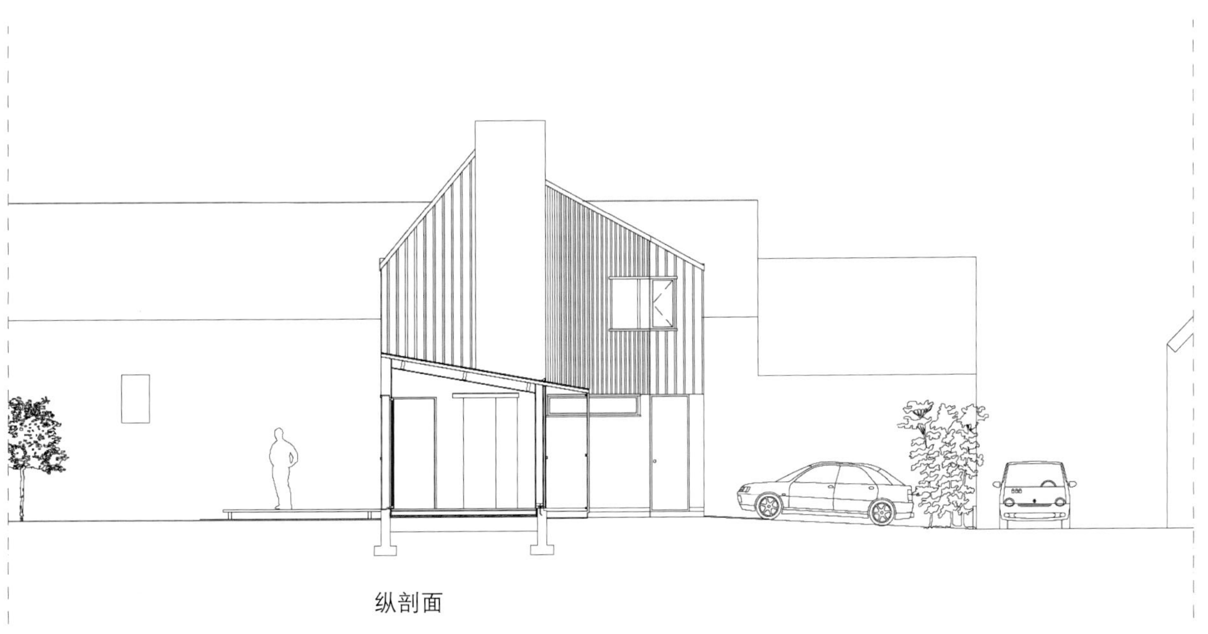

纵剖面

a.un Architects

宕山的屋

日本，三重

摄影：熊野市官网

这座建筑由日本a.un建筑事务所设计，坐落在日本南部的三重市。户主要求，房子需要适宜两个孩子的生活和成长，他们都是男孩子，且十分活泼好动。在选址方面，设计师将其定在了一座小山的上坡面上。

设计师通过与户主的深入沟通，决定把房子建造成一个〝木箱〞的样子。木箱的一面有一个30°的弯曲。房子所在的地块大约比旁边的路高出1.8米。这一弯曲墙面的设计是为了在每个房间都能更好地观赏附近的菲律宾海和天空。混凝土的石阶从马路一直向上延伸到房子的前门。房子入口处谦逊柔和的氛围，让人想起了日式寺庙的凉棚，仿佛一走过这个凉棚就进入了庙宇。

房子里的所有房间都有序排布，屋与屋之间都建立起了良好的沟通联系。这种紧凑的形式最大程度地把空间利用了起来，而简洁的布局也使房子显得静谧安宁。楼下是家庭共享的起居空间。利用两个不同位置的空间，将其设计成半开放式的餐厅和厨房：用餐区的高度是一般区域的两倍，而厨房也充分利用了可嵌入式的墙面。位于两层楼中间夹层的阳台，能够俯看用餐区，同时还连接了楼上的卧室和浴室。在一楼的室外增添了木质甲板，这是一片私人的户外空间，让孩子们在这里玩耍十分安全。除了浴室和厨房的瓷砖以外，木材无处不在。所有的室内设计，包括内置家具都采用了相同的木料，这使房子显得安宁古雅、统一和谐，从而生出一种温暖、柔和的感觉，与整体设计有机统一。

人们在这里可以享受光影交错，感受海风徐徐，欣赏Ise海湾的夕阳下的美景，以及周围四季分明的山林叠翠。

建造商：
Shigeru Okayama, Teruko Shinmei
占地面积：
240平方米 (2583平方英尺)
建筑面积：
67平方米 (721平方英尺)
建筑总面积：
108.5平方米 (1168平方英尺)

设计师通过与客户的深入沟通，决定把房子建造成一个“木箱”的样子。木箱的一面有一个30°的弯曲。房子所在的地块大约比旁边的路高出1.8米。

西面高度

南面高度

双倍高度的用餐区顶上是纵横交错的木质横梁。这些横梁一直延伸到卧室，俯瞰着整个底层区域。

二楼平面图

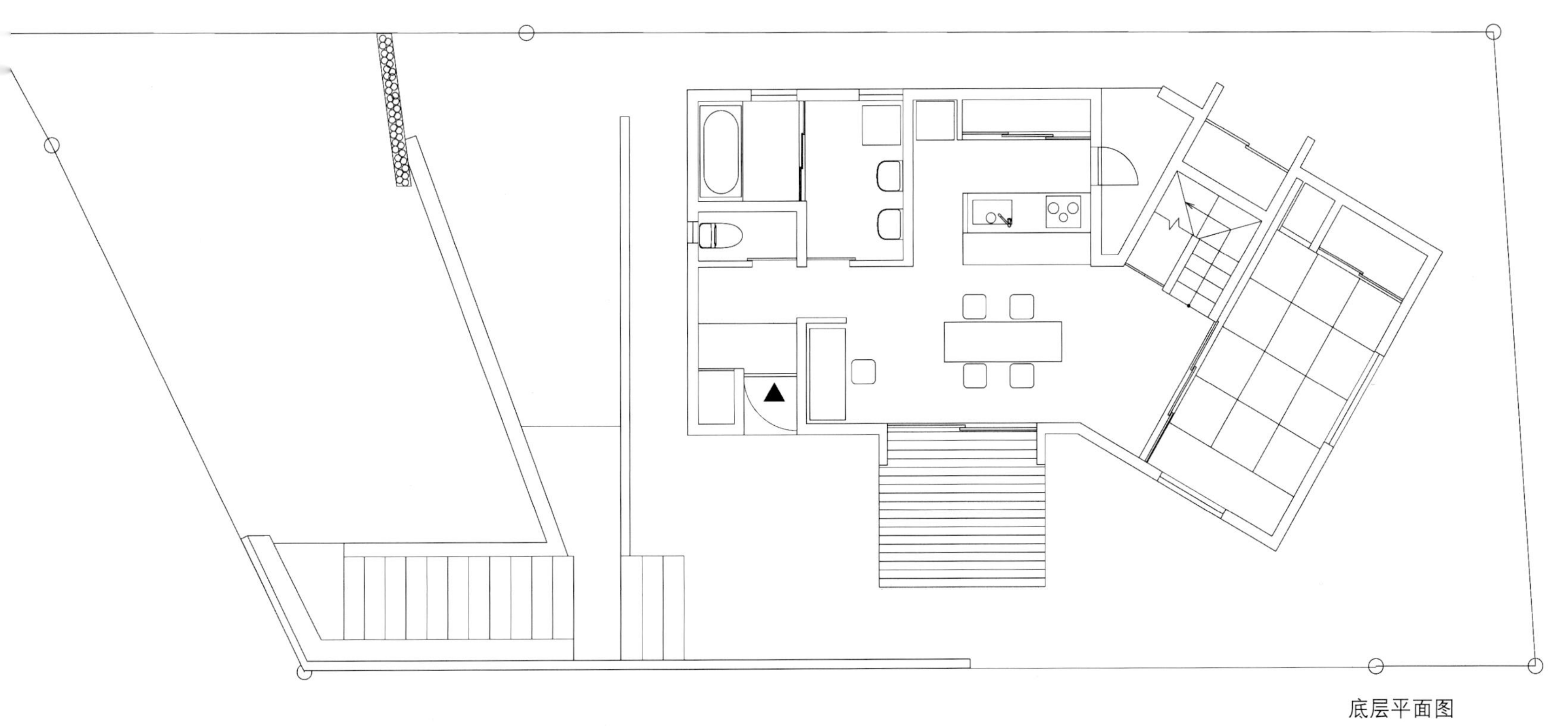

底层平面图

房子有一个30°的弯曲和加以精心设计的窗，每个房间都能看到绝美的海景。

Schuberth und Schuberth

高跷楼

奥地利，克罗斯特

摄影：克里斯多夫·潘泽

Strandbadsiedlung Klosterneuburg是一座海滨历史名城，它位于多瑙河沿岸，在那里，设计师在水面的高台上为一户四口之家建造他们的港湾。房子沿河，充沛的水资源令这一带的建筑呈现独一无二的特点。这里的房子既简洁又不太贵，还能不断翻新，能让子孙后代常住于此。客厅和卧室在水中高台的上层，高台上有一块坚实的底座，迫使设计师必须严格控制楼面面积，使其不超过35平方米，这同时也是对空间使用能力的挑战。小屋是一处避暑胜地，一年只使用几个月，尽管在修建时，对其定位是一幢可以一年四季居住的房子。

客厅大概位于距水面3米处，一直围绕着厨房向外延伸到露台。如果打开屋顶的天窗，厨房就变成了一个四通八达的地方。卧室距水面约5.45米，房间层高2米左右，出于对空间安排经济性的考虑，设计师把整个卧室的空间分割成两个较小的寝室，能摆上床即可。衣橱和储物柜位于试衣间，是全家所共用的。浴室在底层，是混凝土结构，光线由天花板上的天窗顺着下楼的阶梯直接照射下来。

房子是在原先的木结构建筑的基础上建造的。内部的设计采用天然云杉木，每一层的大部分区域都铺设了云杉木板，它们互相连接，十分结实；还刷上了保护木材的亮漆。房子的通风面铺设的是垂直排列的落叶松木条。浴室被设计成半开放、半完成的感觉，浴缸周边的墙面上贴的是深色的芬兰胶合板。

衣柜、储物架、床和床头柜都是房子的内置家具，均由三层木板制成。木匠也是同一个人，保证了制作风格和工艺的一致性。这些嵌墙的内置家具形成了一个支柱，把楼梯与客厅分隔开来。楼梯蜿蜒曲折，它的中心有一座蓝色的橱柜塔，垂直连接起三个楼层。橱柜的前面拉起了灰色的窗帘，其窗帘的镶边和剪裁都由手工完成，精良的制作中又带有自然的感觉。

建筑师：
Schuberth und Schuberth
客户：
Marion Weiss-Döring
承包商：
Kager Holzbau, K.Z.B Bau
建筑面积：
47.60平方米 (512.4平方英尺)
混凝土基础
56.70平方米 (610.3平方英尺)
混凝土基础
现场面积：
275平方米 (2960平方英尺)
竣工年份：
2010年5月

房子沿河，充沛的水资源令这一带的建筑呈现出独一无二的特点。这里的房子既简洁又不太贵，还能不断地翻新，能让子孙后代常住于此。

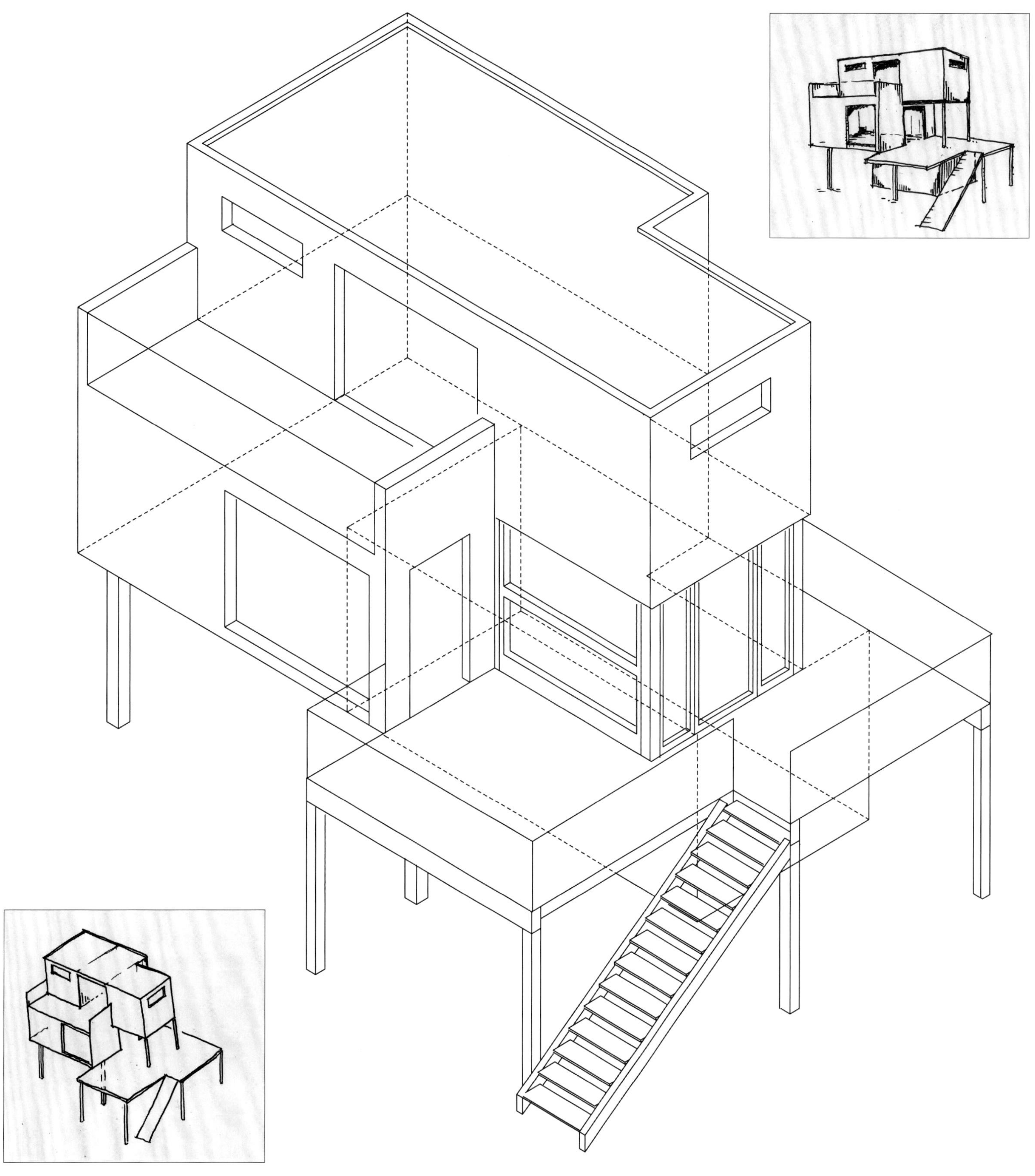

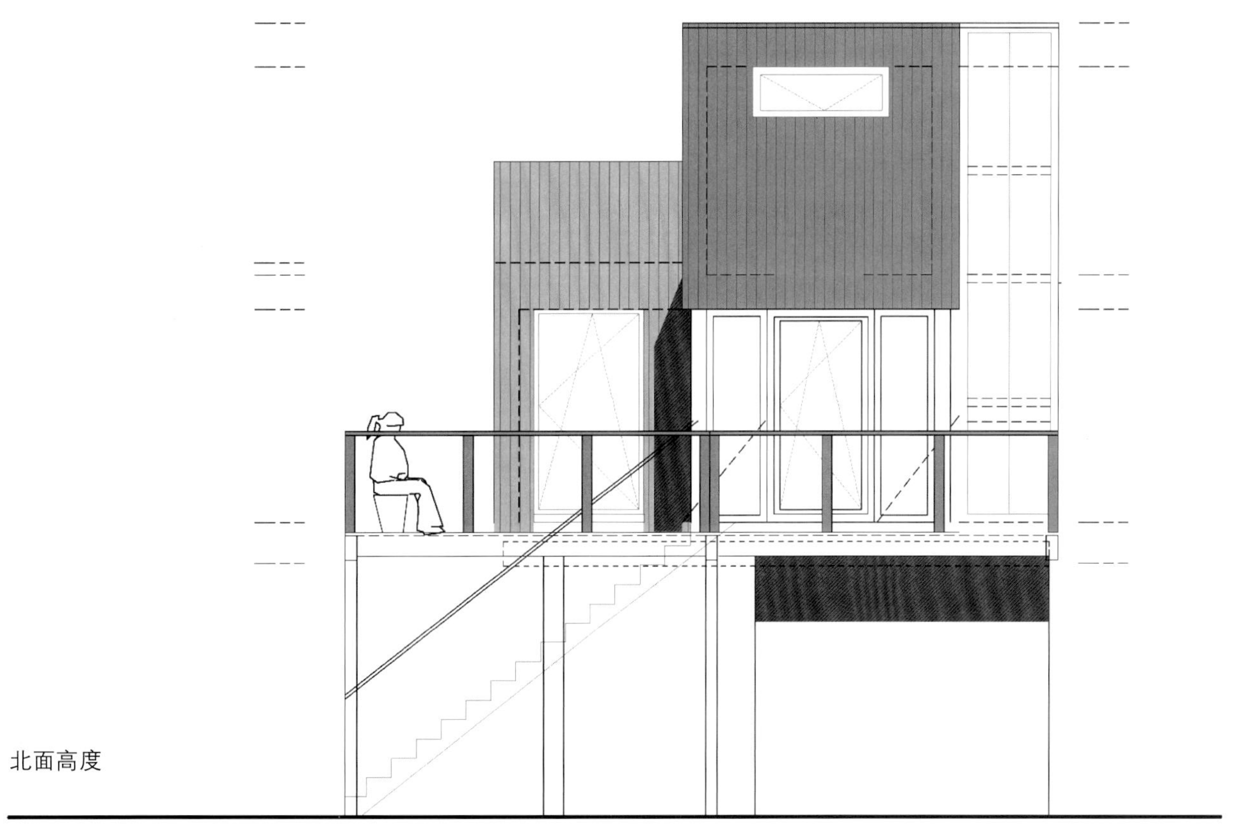

北面高度

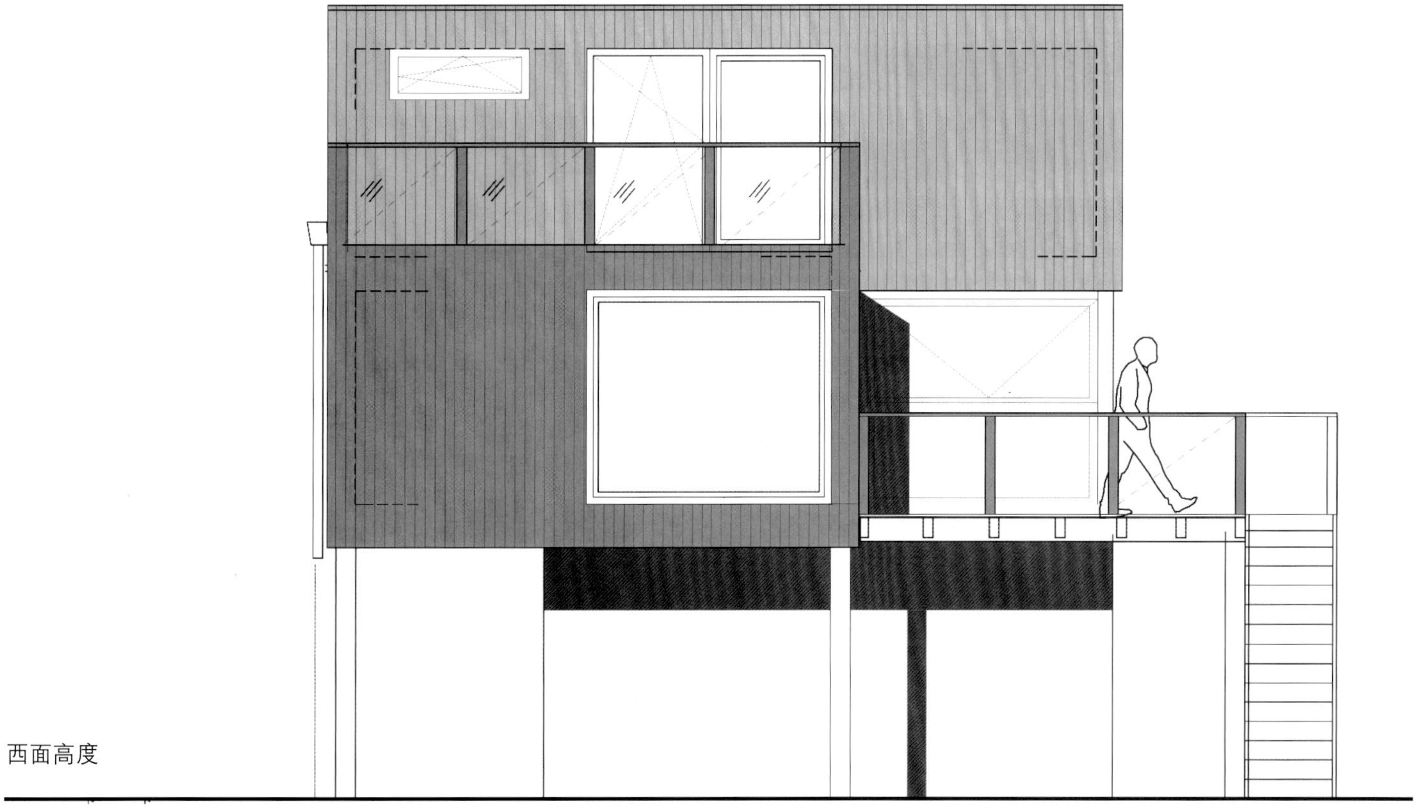

西面高度

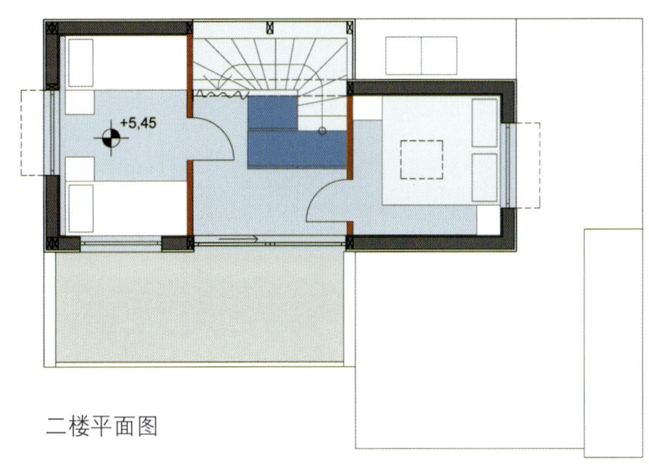

二楼平面图

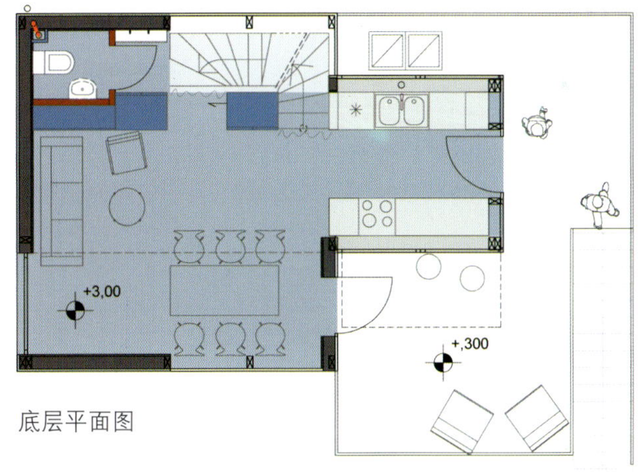

底层平面图

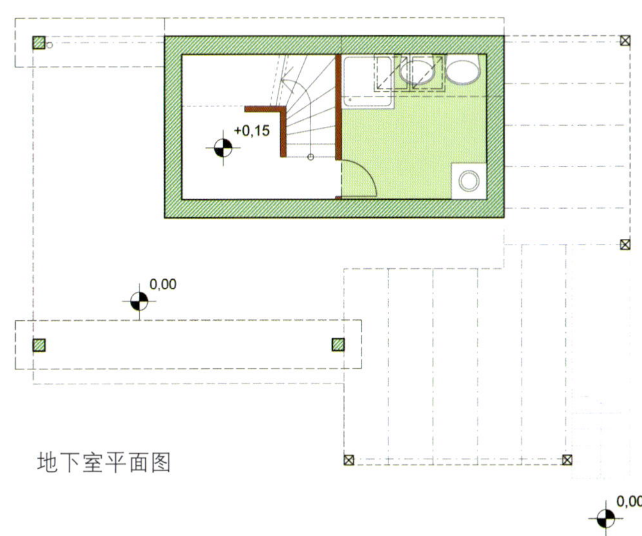

地下室平面图

蓝色的橡胶地板，表面粗糙，让人联想到水面的样子。

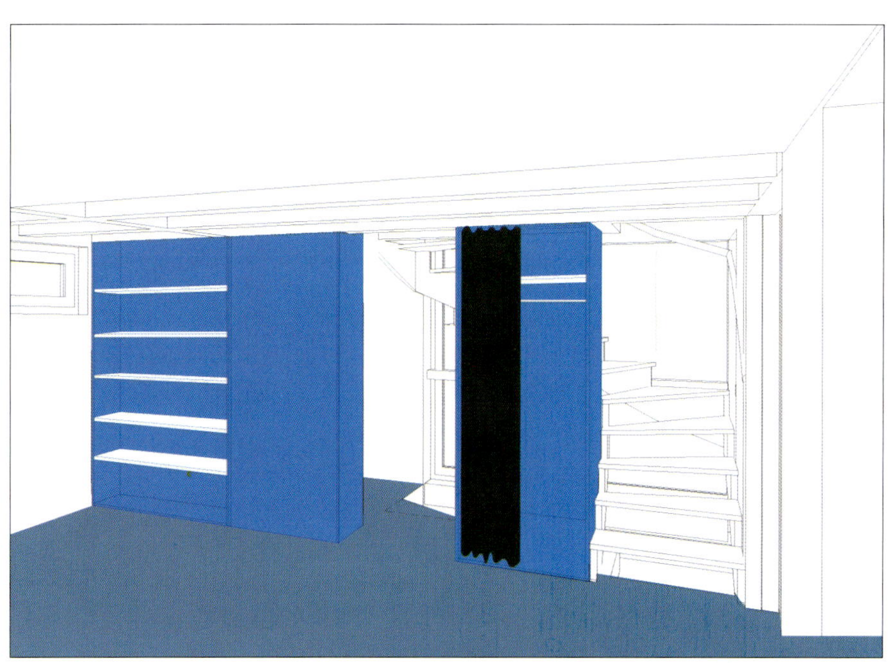

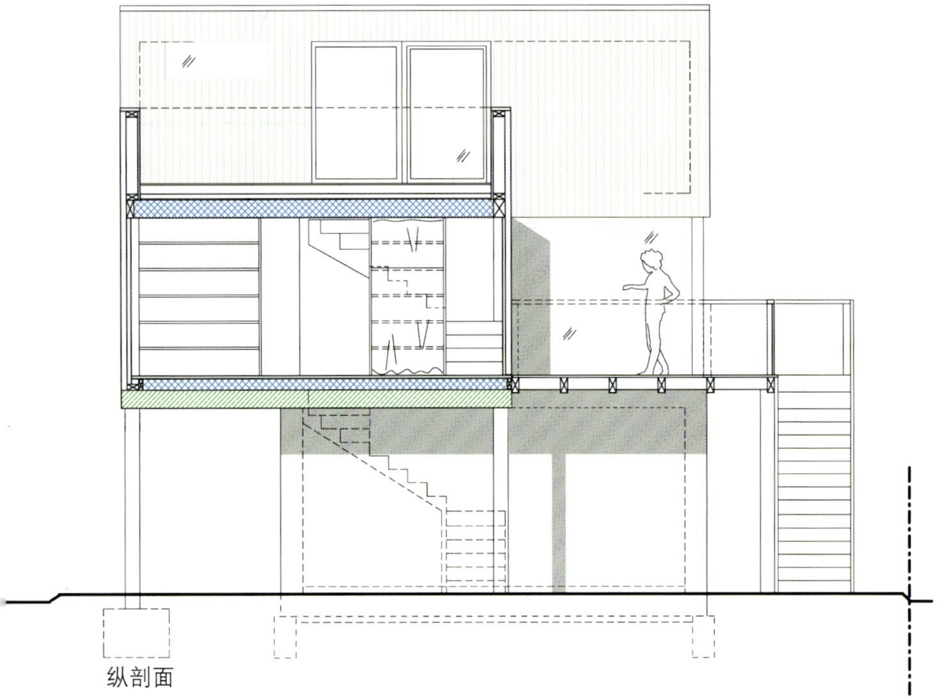

纵剖面

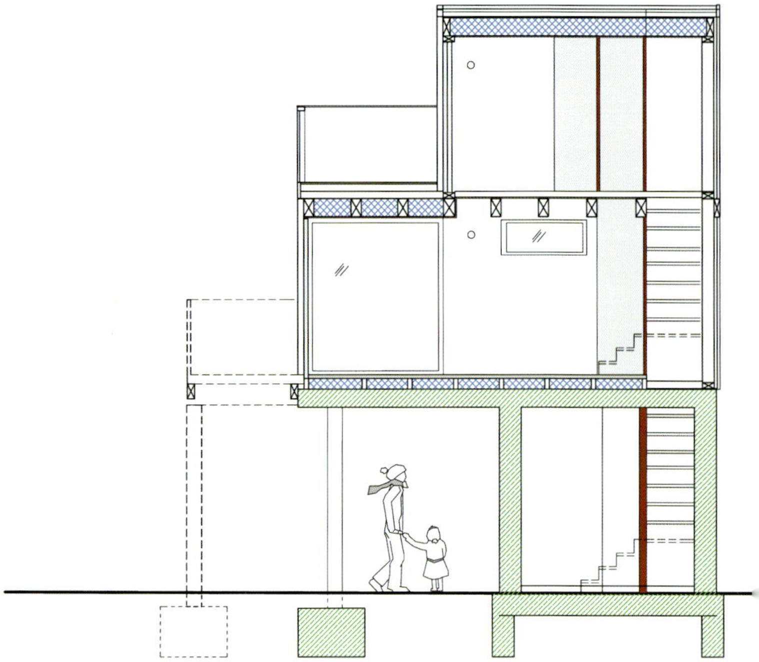

横剖面

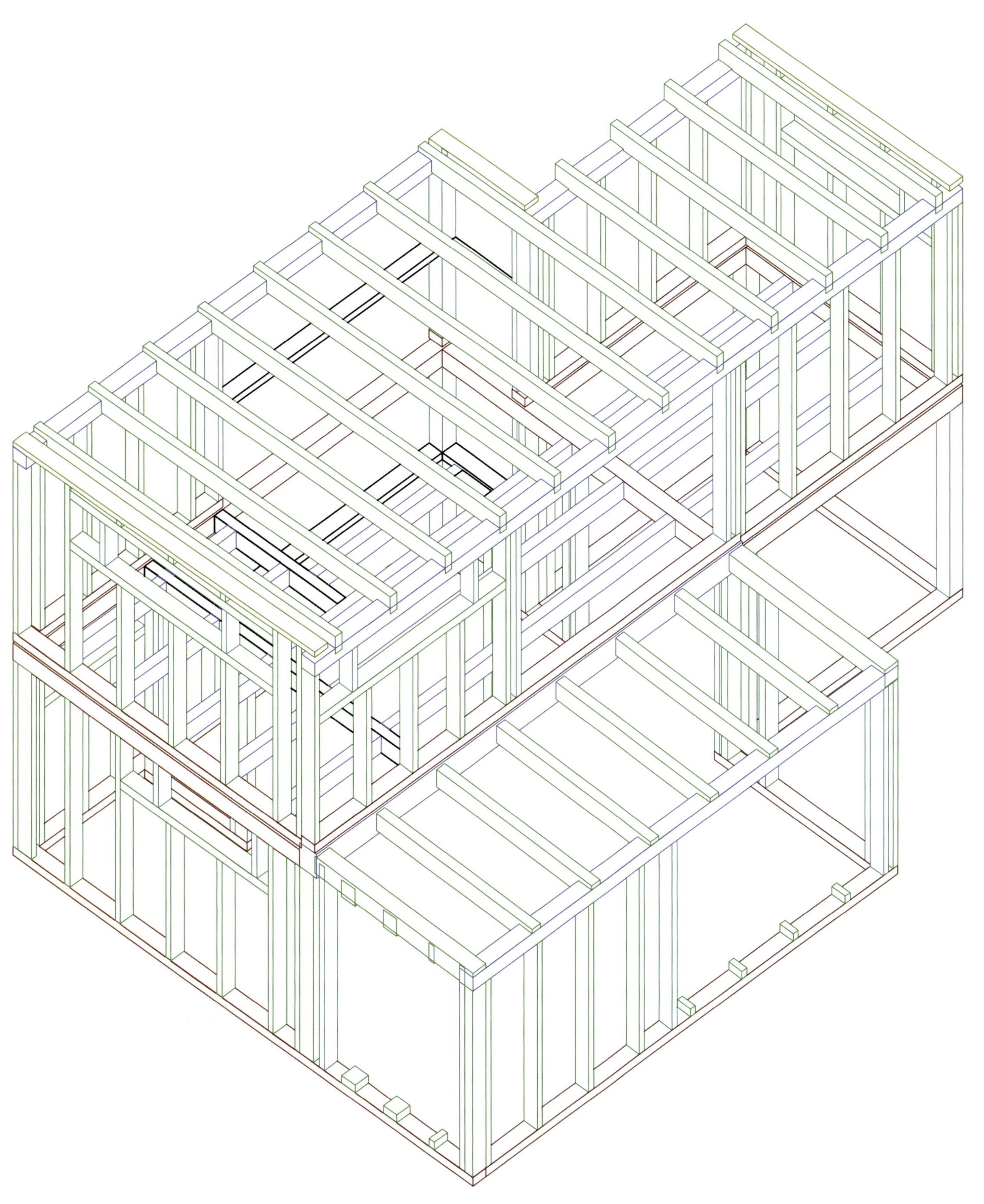

Kamil Mrva Architects

Dolní Becva 小屋

捷克，Dolní Becva

摄影：Toast工作室

这个由捷克公司年轻建筑师提出的工程，受托于工作室首席建筑师的兄弟Kamil Mrva，此次工程也将是其家人的夏季住所。房屋占地面积有限，只能允许建一个小型房屋。再加之紧缩的预算，对建筑师们来说这是一次兴味盎然的挑战。

由于土地处在“保护景区”的中央，建筑师们决定建一层的全木制的房屋，由此来大幅度地减少建筑物的视觉冲击。这所房子采用简单的矩形楼梯，这让人想起这一带的传统建筑，由此便进一步加强了其与周围环境的融合。

房子外围覆盖着水平排列的木材，顶是浅灰色的高顶。有三个朝南的窗子，其中一个引着人的视线从开放式平面布置的起居区到宽广的树林，有效地将房子的小空间的内部延伸到自然的环境中去。北边的后门，由氧化了的金属板制作而成，状如L形，给人一种精致现代的感觉。

内部有一个开放式布局的厨房、餐厅和客厅，其方向朝南，便于太阳热能的积聚。两个卧室都可以连到外面，而浴室就在两个卧室之间。

建造商：
Kamil Mrva Architects
外包商：
Blaženka Bebek,
Lenka Burešová,
Jaroslav Holub,
Martin Jeřábek
分包商：
Fa Mikulenka, Alfest Lučina,
Stekoprodukt s.r.o., Fa Jurák
建筑面积：
78 平方米 (840平方英尺)

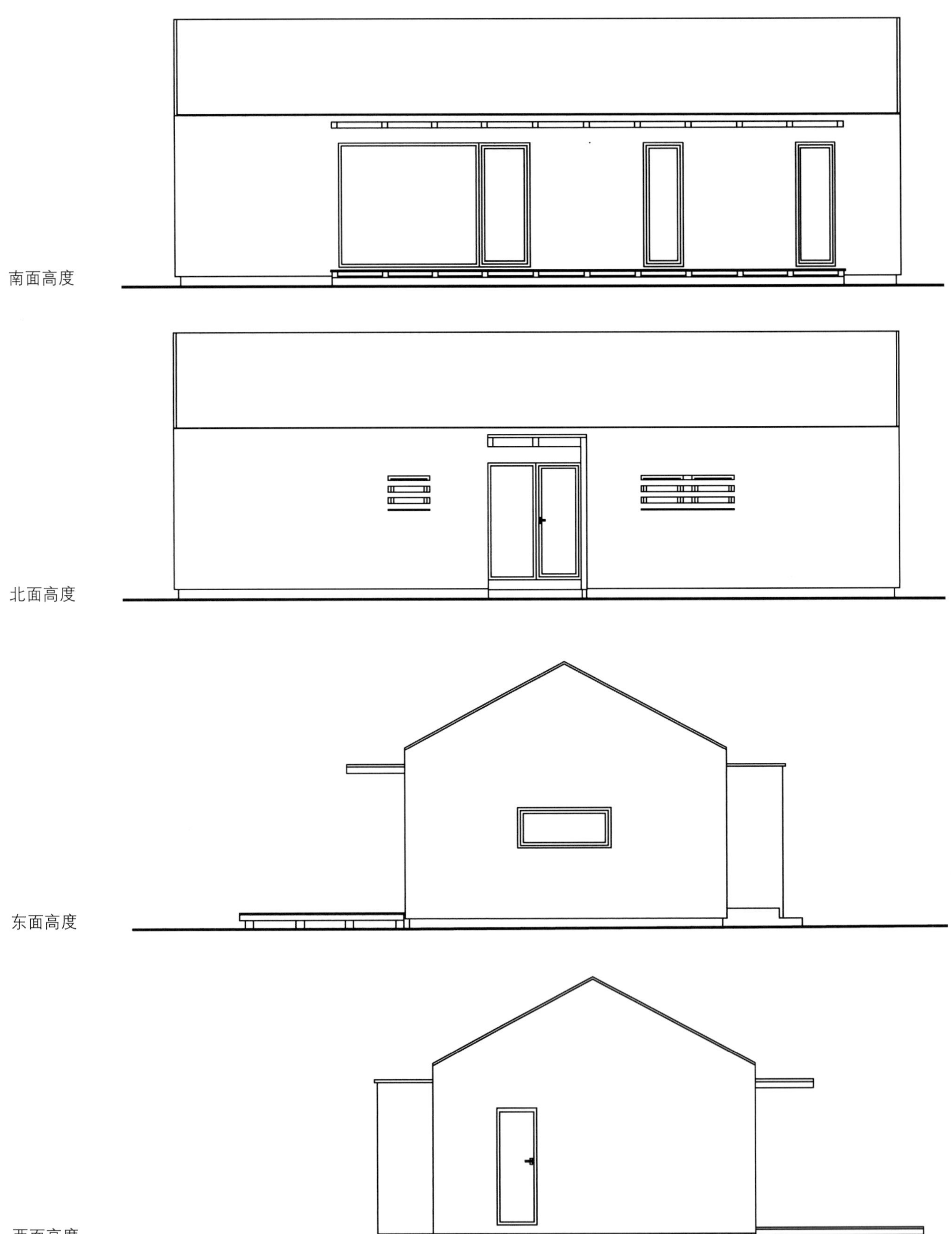
南面高度
北面高度
东面高度
西面高度

房屋占地范围有限，只能允许建一个小型房屋。再加之紧缩的预算，对建筑师们来说这是一次兴味盎然的挑战。

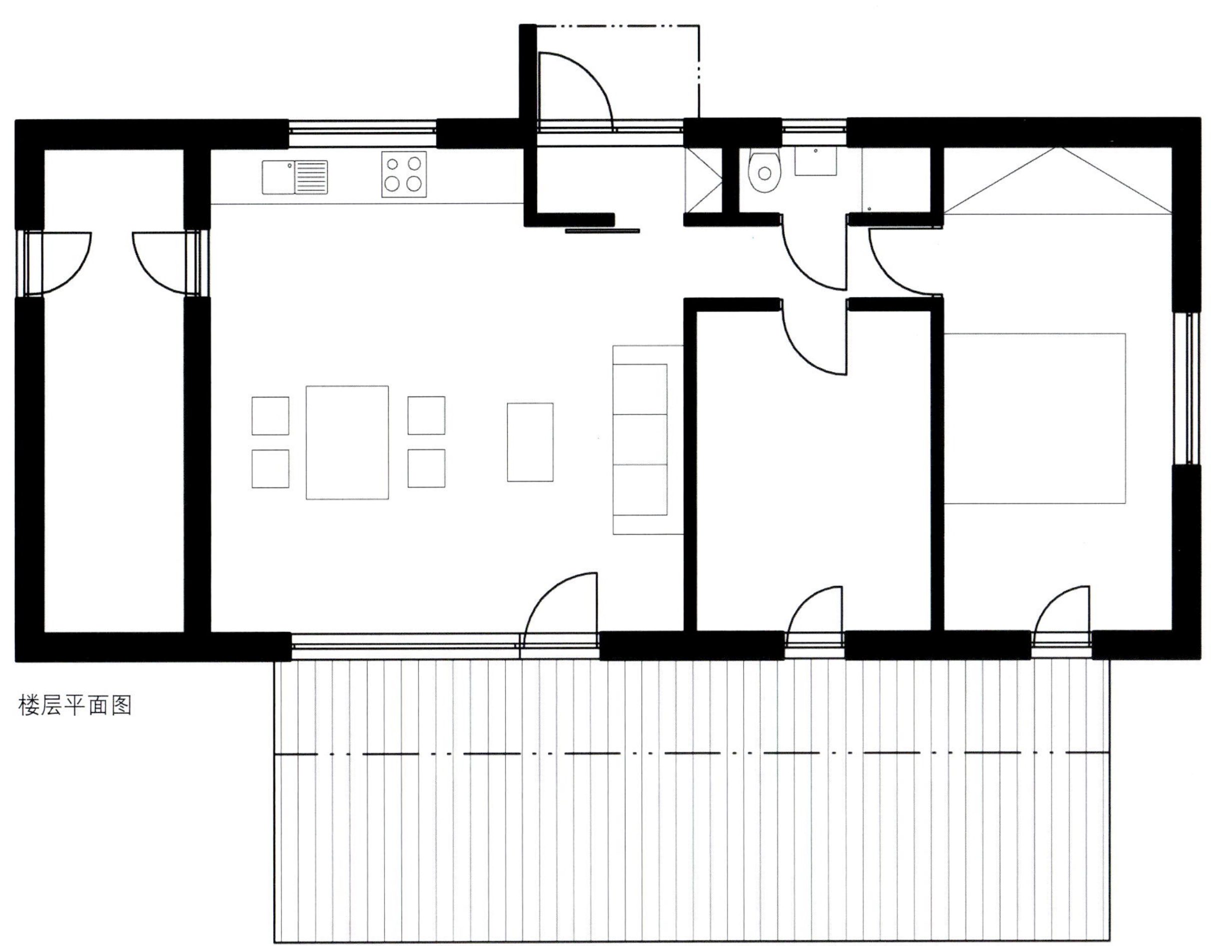

楼层平面图

紧凑的平面设计合理地利用了空间，减小了房屋内部的走动。每个房间都能通到外面，这样就增加了房屋内部的面积。

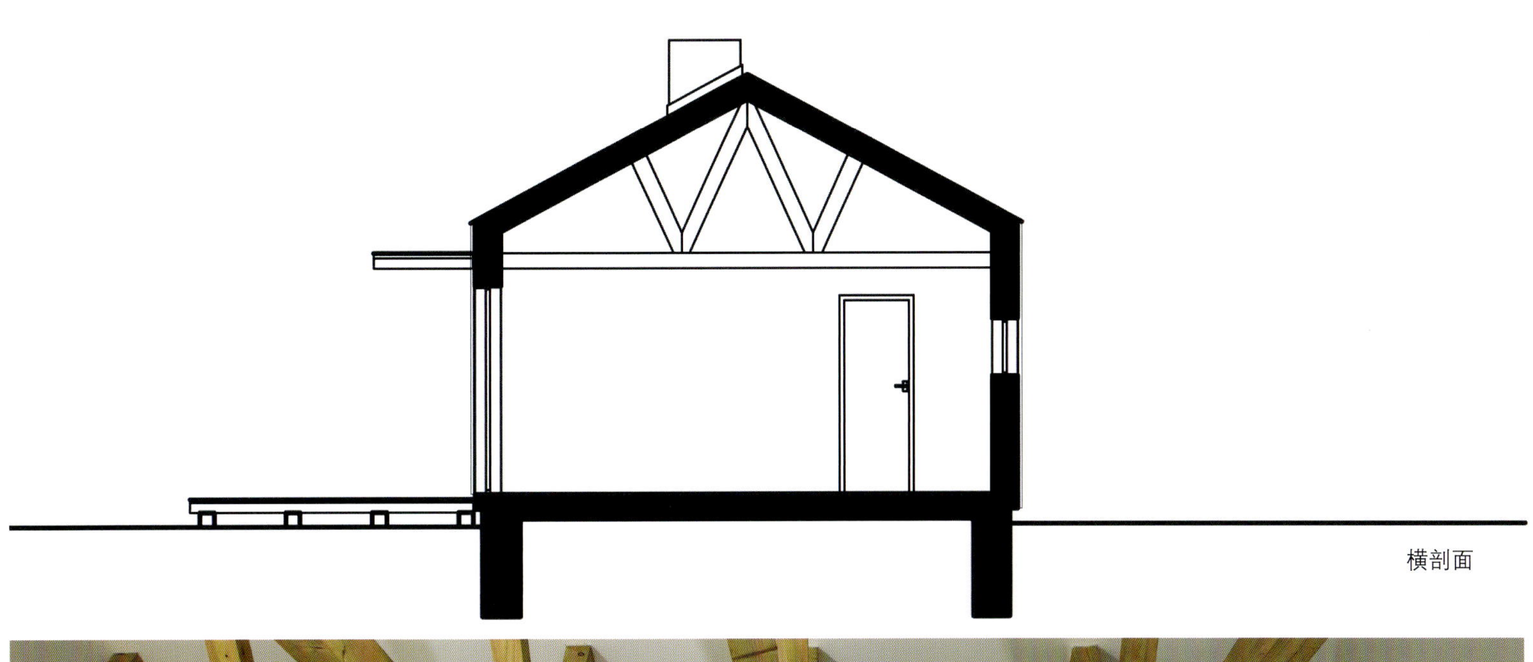
横剖面

Arvesund

Slåtteråsen

瑞典，Illstorp

摄影：Aversund设计工作室

此次房屋设计的灵感来自于瑞典的传统建筑。这种建筑在瑞典郊外随处可见：狭长的谷仓被昵称为Slåtteråsen，其窗户是房子的显著特点，恰到好处地切割出了房子的中线。在房子的一边是起居室。起居室里有厨房、客厅和餐厅，而卧室则在房子的另一边。

窗户让两扇巨大的滑门清晰可见，关上它们，小屋就与外界隔绝；打开它们，就能与外面联通。关上门，小屋就是一个密闭的结构，这就能够很好地保护住户，同时也提升了小屋的私密性。考虑到设计小屋的初衷是为了将它定位成一个周末之家或者是夏日的避暑胜地，在一年中的其他时间并没有人居住，这种密闭结构也能在没人在家的时候，确保小屋的安全。窗户上安装的滑动百叶窗也着实提高了小屋的性能。

当把滑门完全打开，露台便使室内与室外连成一片。在瑞典，房子仍然为人们提供保护，抵御风吹雨淋。这种半开放的露台的设计让人们在享受户外生活的同时，不用去担心恶劣的天气。在厨房、卧室和玄关上面，是一间宽敞的阁楼，人们不仅可以直接攀登木梯子到阁楼，也能从休息室的楼梯上去。阁楼是孩子们玩乐休憩的天堂，设计师不仅把这里规划成几个功能不同的房间，必要时，还能将这里设计成一处较大的公共使用区域。

房子曾经被设计成工厂，这就带来了很多好处：低廉的生产成本，安全的建筑环境，较少的能量需求等。小屋的宽度是标准且固定的，为4.8米，但是长度和占地规膜是可调节的，以此来适应住户的不同需求。小屋的建筑面积能在60平方米到110平方米之间浮动。

Slåtteråsen只是Arvesund谷仓系列中的一种实践，与传统的草甸谷仓相呼应。Arvesund的谷仓设计来源于一个基础的理念：如果你没有住在里面，它们看起来就只是一座谷仓，关上门，房子就像其他的自然元素一样，与周围的乡村风情完美融合。

建造商：
Aversund
主设计师：
Daniel Franzén
建筑面积：
60~110 平方米 (645~1185平方英尺)

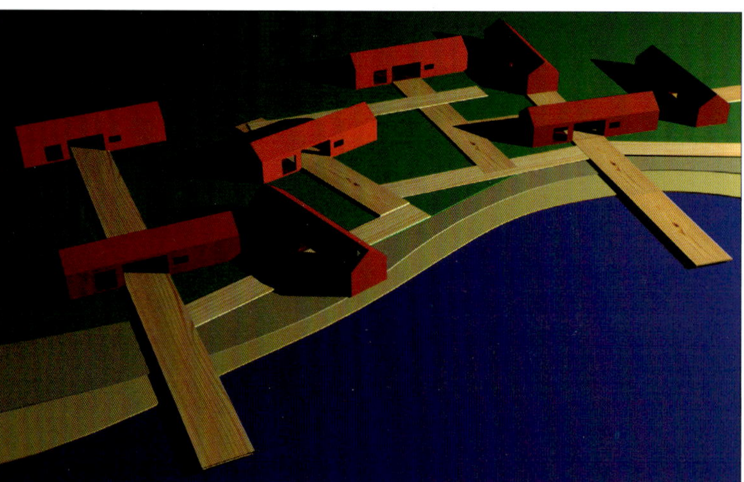

小屋的主要特点是房子上各种各样的通风口。打开时，它们把小屋和周围的环境连结起来；关上时，小屋就成了一幢普通的乡村建筑。这样既提高了小屋的安全性，又减小了小屋的视觉冲击。

房子中还大量地运用釉面的窗子，这样就能使充足的自然光照射进来，也提高了被动式散热增益的可能性。

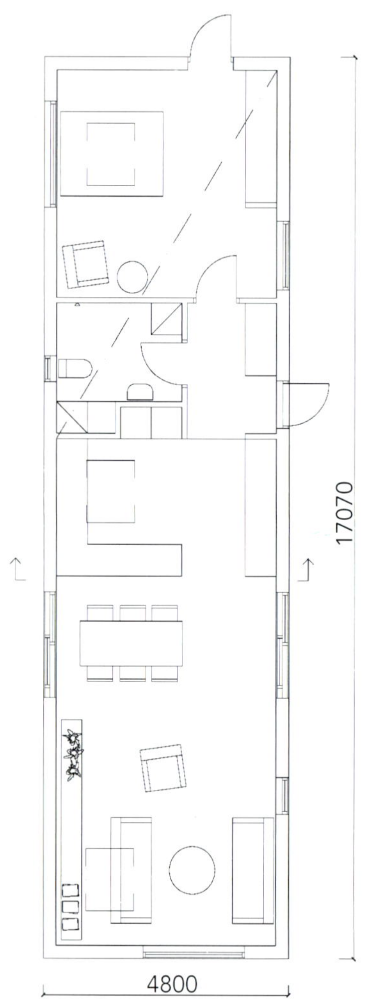
17070
4800

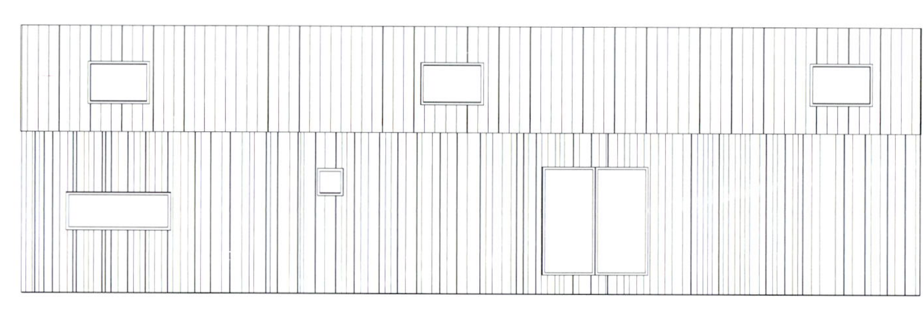

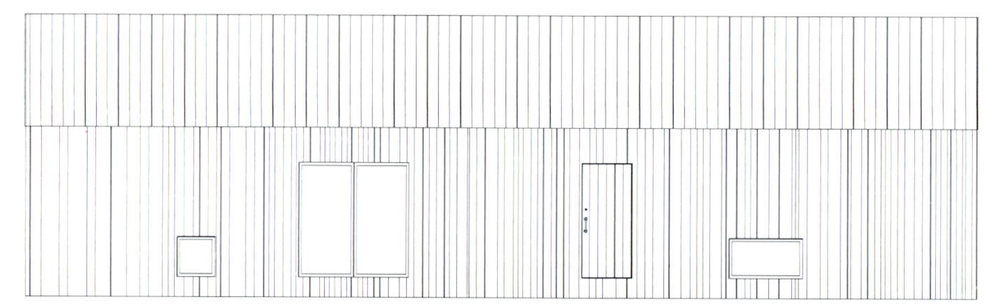

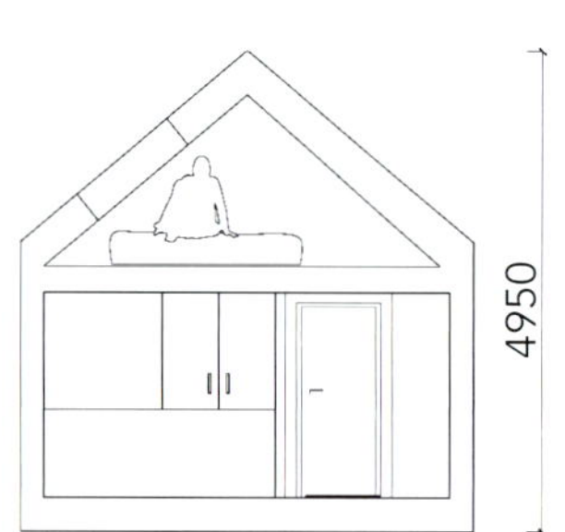
4950

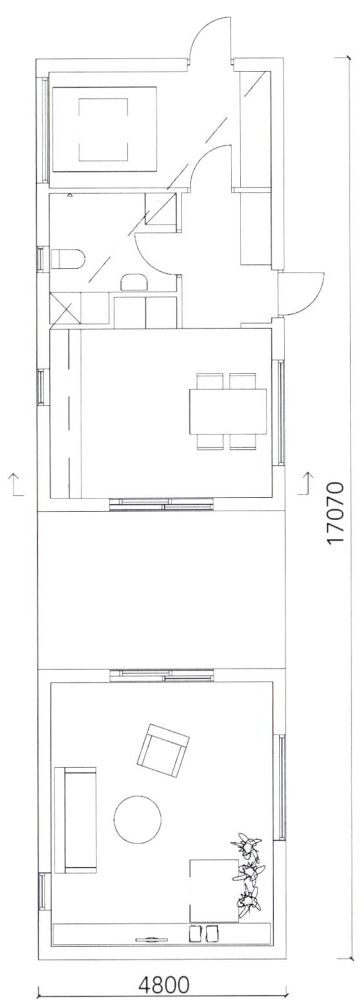
17070
4800

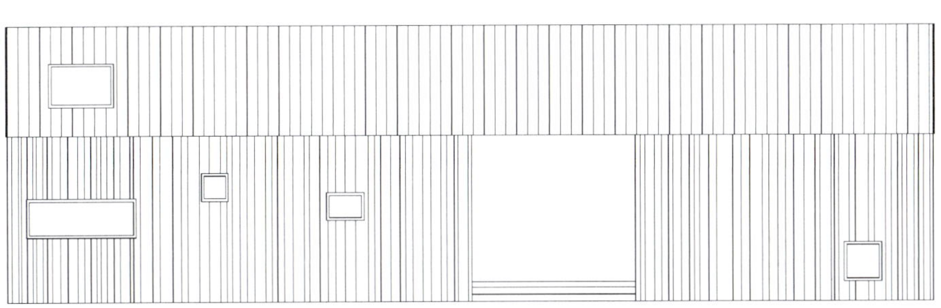

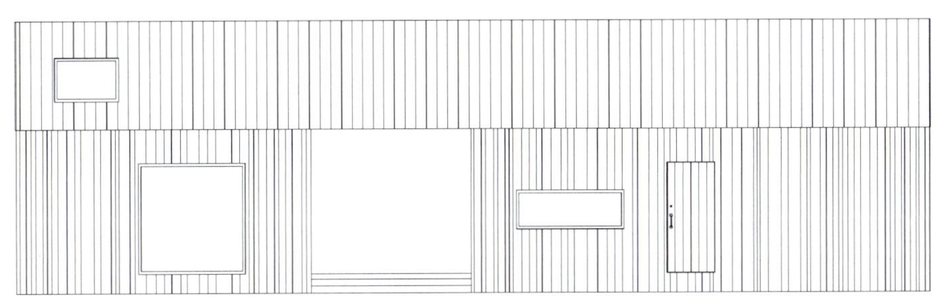

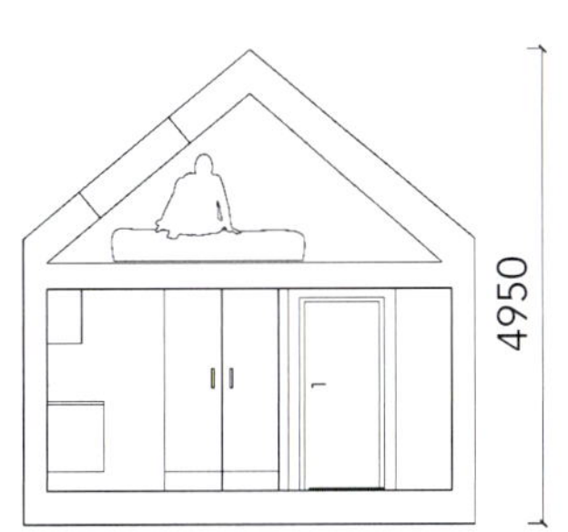
4950

设计师们建造的是一个假日乐园，乐园又来源于一座一年四季使用的古老的草甸谷仓。

UID architects

乡间小楼

日本，广岛县，福山

摄影：上田博

这幢楼位于广岛县福山市附近，周围是安宁平静的乡村。乡村坐落在山脚下，旁边是一块广阔的平原，种植了各种农作物。简单地说，UID设计事务所的创始人Keisuke Maeda是应一对年轻夫妇的要求设计了这幢小楼。小楼是在太太的父母的房子的基础上做的扩建工程。

鉴于原有的石墙露台，每层楼的结构都有所不同，这样就可以更方便地开发出不同的室内功能。这种结构使得不同的区域自然地产生了分隔，打破了原有的标准化房屋类型，让室内布局像迷宫般神秘。早先就有的树木也被设计师考虑进了最终的设计效果之中。

在房子的西面，设计师在不规则的角度上安上了百叶窗，这样的设计就仿佛是内外环境的缓冲器，让阳光渐次缓缓流入，同时也把屋内和窗外的景致巧妙地结合了起来。从窗子往外看，还能看到太太的父母的寓所。

过渡空间连结起了客厅以及半开放的餐厅和厨房。宽幅的釉面地板、百叶窗以及地板上的沙砾，通过对光与影的设计，营造出一种朦胧的美感。

设计师选用了木材作为外部墙面的主体材料，使其与原先石墙的质感相对应，相得益彰。木材的乡村风情更反衬出石墙的年代感，增添了一抹郊外的宁静气息。考虑到杉木板长久耐用的质地特点，外墙面用其覆盖。经过了复杂的加工和干燥，木材的含水量在15%以下，这有效加强了材料的硬度，减少了底座的拉力。固定采用相互交嵌的形式，使木材的结构显得更为丰富。

建造商：
UID Architects
主设计师：
Keisuke Maeda
总承包商：
Norikazu Okita
结构设计：
Teruaki Tanaka
园林设计：
Zenjiro Hashimoto
机械系统：
Kousou Katayama
占地面积：
750平方米 (8070平方英尺)
总楼面面积：
110平方米 (1185平方英尺)

鉴于原有的石墙露台，每层楼的结构都有所不同，这样就可以更方便地开发出不同的室内功能。

设计师利用起原有的石堆，用楼层差异来规划房屋内部的功能和布局。

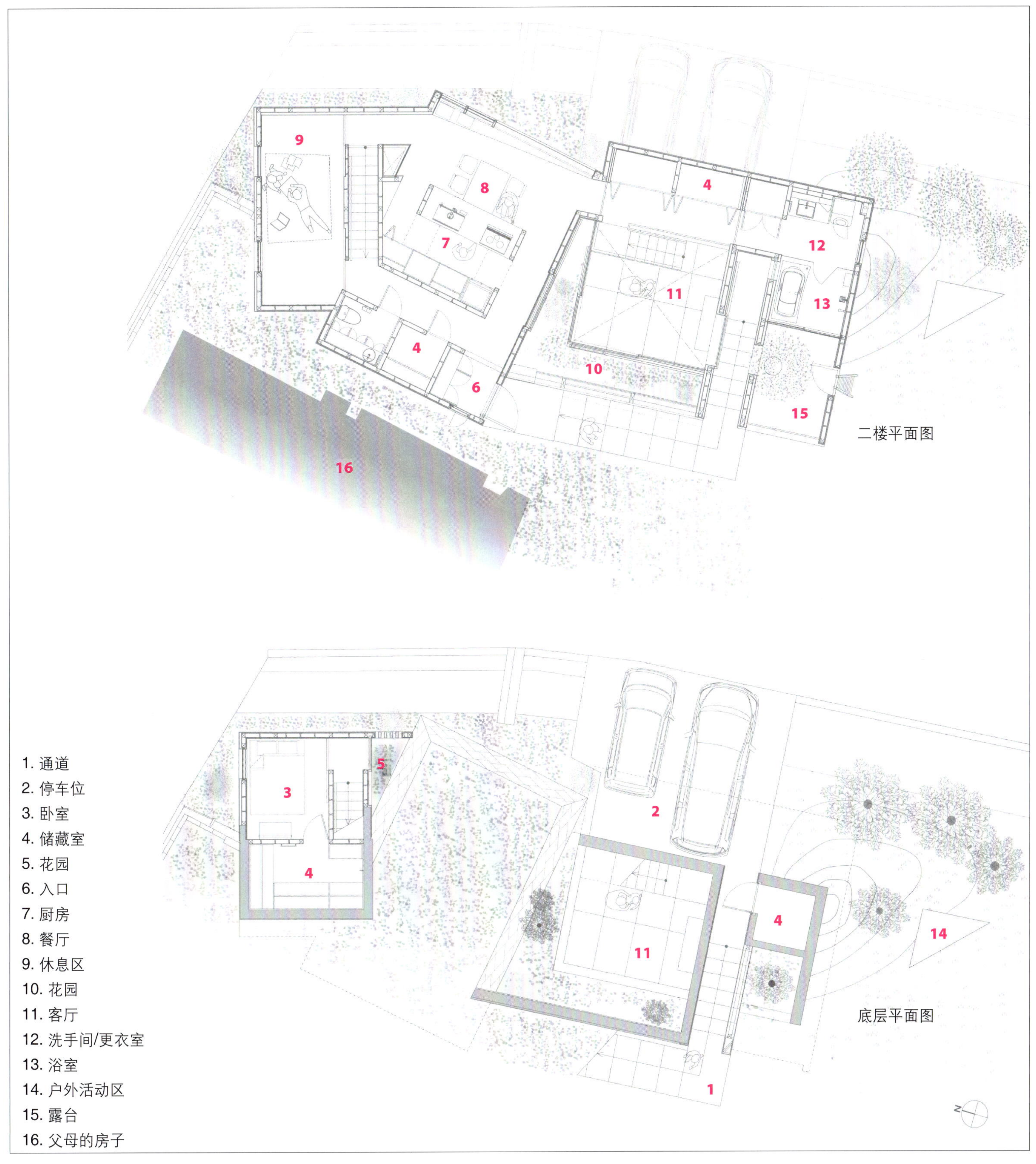
二楼平面图
底层平面图
1. 通道
2. 停车位
3. 卧室
4. 储藏室
5. 花园
6. 入口
7. 厨房
8. 餐厅
9. 休息区
10. 花园
11. 客厅
12. 洗手间/更衣室
13. 浴室
14. 户外活动区
15. 露台
16. 父母的房子

从餐厅的全景窗看出去，房子正置身于甜美的乡村景致之中。当然，在旁边的厨房操作区，也能够欣赏到如此美景。

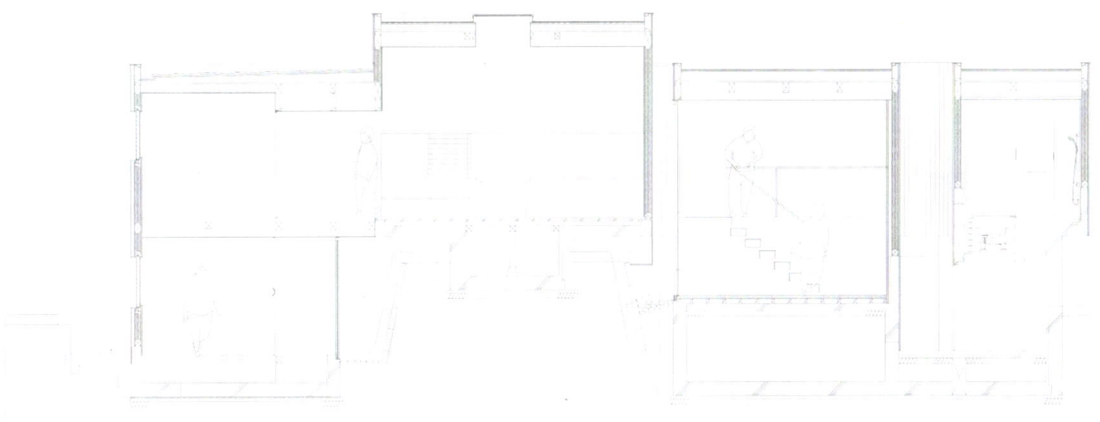